FESTIGKEITSLEHRE
MITTELS SPANNUNGSOPTIK

VON

DR. PHIL. LUDWIG FÖPPL
O. PROFESSOR AN DER TECHNISCHEN HOCHSCHULE MÜNCHEN

UND

DR.-ING. HEINZ NEUBER
PRIVATDOZENT AN DER TECHNISCHEN HOCHSCHULE MÜNCHEN

MIT 80 ABBILDUNGEN

MÜNCHEN UND BERLIN 1935
VERLAG VON R.OLDENBOURG

Druck von R. Oldenburg, München und Berlin.
Copyright 1935 by R. Oldenbourg, München und Berlin.
Printed in Germany.

Vorwort.

Die Anwendung spannungsoptischer Verfahren in der Festigkeitslehre hat in den letzten Jahren immer mehr an Bedeutung
zugenommen. Namentlich in England, Amerika und Japan arbeiten seit einer Reihe von Jahren eine große Zahl von For-
schern an spannungsoptischen Aufgaben. In englischer Sprache
ist auch das umfangreiche Werk über diesen Gegenstand
» A Treatise on Photoelasticity« von Coker und Filon erschienen.
Im Gegensatz hierzu hat sich das spannungsoptische Verfahren
in Deutschland nur langsam entwickelt und erst in der aller-
jüngsten Zeit bringt man unter dem Eindruck der großen Er-
folge, die mit diesem Verfahren erzielt worden sind, auch in
Deutschland der Spannungsoptik größere Beachtung entgegen.
Der weiteren Entwicklung auf diesem Gebiet steht der Umstand
hemmend im Wege, daß bis jetzt noch kein Buch in deutscher
Sprache über diesen Gegenstand existiert. Es schien uns daher
eine lohnende Aufgabe, diese Lücke mit dem vorliegenden Buche
auszufüllen. Wir konnten dabei die Erfahrungen, die wir seit
6 Jahren bei den Versuchen auf unserer optischen Bank im
Mechanisch-technischen Laboratorium der Münchener Hochschule gesammelt haben, verwerten. Dem Anfänger seien vor
allen Dingen die ersten beiden Abschnitte sowie Abschnitt IV,
der die Zusammenstellung der Münchener Versuche enthält, zur
Lektüre empfohlen. Abschnitt III ist etwas schwieriger zu lesen;
dies gilt besonders von Paragraph III, 12, der den Einfluß der
Poissonschen Konstanten auf die Übertragung der Ergebnisse
vom Modell auf die große Ausführung enthält, und von Paragraph III, 13, der sich mit einer Untersuchung über die

hydrodynamische Deutung gewisser ebener Spannungszustände beschäftigt. Beide Paragraphen stellen zum Teil neue, bisher noch unveröffentlichte Forschungsergebnisse dar. Im übrigen haben wir uns um eine möglichst einfache und anschauliche Darstellung bemüht. Wir übergeben das Buch der Öffentlichkeit mit dem Wunsche, daß es dazu beitragen möge, die spannungsoptischen Methoden in Deutschland zu fördern.

München, im April 1935.

L. Föppl und H. Neuber.

Inhaltsverzeichnis.

I. Grundlagen der optischen Spannungsuntersuchung.

1. Der ebene Spannungszustand.

Man spricht von einem ebenen Spannungszustand, wenn es sich um einen scheibenförmig ausgedehnten Körper handelt, der nur in der eigenen Ebene belastet wird, wobei man annehmen darf, daß die dabei auftretenden Spannungen an allen Punkten über die Dicke der Scheibe hin gleichmäßig verteilt sind.

Wir wollen die x-y-Ebene eines rechtwinkeligen Koordinatenkreuzes in die Scheibenebene gelegt und ein rechtwinkeliges Scheibenelement von den Abmessungen dx, dy herausgeschnitten denken (s. Abb. 1). Die am Element angreifenden Spannungen sind als positiv in die Abbildung eingetragen. Bei den Normalspannungen σ sind die positiven Spannungen die Zugspannungen im Gegensatz zu den negativ gezählten Druckspannungen. Dagegen ist bei den Schubspannungen kein physikalischer Unterschied zwischen positiven und negativen Schubspannungen. Wir nennen sie positiv, wenn sie am Element in der Richtung angreifen, wie es Abb. 1 veranschaulicht, d. h. wenn sie auf den Schnittflächen des Elementes mit den Koordinaten $x + dx$ bzw. $y + dy$ in Richtung der positiven y- bzw. positiven x-Achse gerichtet sind.

Aus Abb. 1 liest man als Bedingungen für das Gleichgewicht am Element in Richtung der x- und y-Achse die folgenden Gleichgewichtsgleichungen ab:

$$\frac{\partial \sigma_x}{\partial x} + \frac{\partial \tau}{\partial y} = 0, \left.\begin{matrix} \\ \\ \end{matrix}\right\} \quad \cdots \quad (1)$$
$$\frac{\partial \sigma_y}{\partial y} + \frac{\partial \tau}{\partial x} = 0.$$

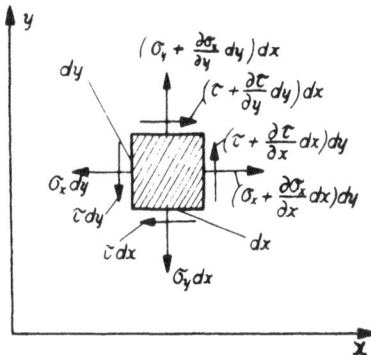

Abb. 1.
Das Gleichgewicht der Spannungen.

Da keine weiteren Gleichgewichtsbedingungen bestehen, handelt es sich demnach um die drei unbekannten Funktionen σ_x, σ_y, τ von x und y, zwischen denen vorläufig nur die beiden Gleichungen (1) bestehen. Die Aufgabe ist also statisch unbestimmt; d. h. sie kann vom Standpunkt der Statik allein betrachtet auf unendlich viele Weisen gelöst werden. Man sieht dies noch deutlicher, wenn man die sog. Airysche Spannungsfunktion F einführt durch die Beziehungen:

$$\left.\begin{aligned}
\sigma_x &= \frac{\partial^2 F}{\partial y^2}, \\
\sigma_y &= \frac{\partial^2 F}{\partial x^2}, \\
\tau &= -\frac{\partial^2 F}{\partial x \, \partial y}.
\end{aligned}\right\} \quad \cdots \cdots \cdots (2)$$

Durch diesen Ansatz werden die beiden Gleichungen (1) identisch befriedigt, wobei die Wahl der Funktion F zunächst nur an die Bedingung geknüpft ist, daß die gegebene Randbelastung richtig herauskommen muß. Damit bleibt aber noch eine unendliche Mannigfaltigkeit für die Spannungsfunktion F übrig. Zur eindeutigen Festlegung der Spannungen ist noch eine weitere Bedingung für die Spannungen bzw. für die Spannungsfunktion erforderlich. Diese Bedingung muß sich aus der Eigenschaft des verwendeten Stoffes ableiten lassen; denn bei den bisherigen Betrachtungen sind die Stoffeigenschaften noch gar nicht berücksichtigt worden. Sie gelten z. B. für einen plastisch deformierten Körper ebenso wie für einen elastisch beanspruchten Körper.

Wir wollen weiterhin, wenn nicht ausdrücklich etwas anderes vermerkt ist, stets den rein elastischen ebenen Spannungszustand voraussetzen. Dann ist aber der Formänderungszustand mit den Spannungen durch das Hookesche Gesetz verknüpft. Nennen wir die Verschiebungen eines Scheibenpunktes in Richtung der x- und y-Achse ξ bzw. η, so lassen sich daraus die Dehnungen in den beiden Richtungen des Koordinatensystems ε_x und ε_y sowie die Winkeländerung γ eines in Richtung der Koordinatenachsen herausgeschnittenen rechten Winkels durch

$$\varepsilon_x = \frac{\partial \xi}{\partial x},$$

$$\varepsilon_y = \frac{\partial \eta}{\partial y}, \qquad\qquad\qquad (3)$$

$$\gamma = \frac{\partial \eta}{\partial x} + \frac{\partial \xi}{\partial y}$$

ausdrücken. Nach dem Hookeschen Gesetz gilt

$$\varepsilon_x = \frac{\partial \xi}{\partial x} = \frac{1}{E}\left(\sigma_x - \frac{1}{m}\,\sigma_y\right),$$

$$\varepsilon_y = \frac{\partial \eta}{\partial y} = \frac{1}{E}\left(\sigma_y - \frac{1}{m}\,\sigma_x\right), \qquad (4)$$

$$\gamma = \frac{\partial \eta}{\partial x} + \frac{\partial \xi}{\partial y} = \frac{\tau}{G}.$$

Indem man die ersten beiden Gleichungen (4) nach σ_x und σ_y auflöst, erhält man

$$\sigma_x = \frac{m^2 E}{m^2 - 1}\left(\frac{\partial \xi}{\partial x} + \frac{1}{m}\,\frac{\partial \eta}{\partial y}\right),$$

$$\sigma_y = \frac{m^2 E}{m^2 - 1}\left(\frac{\partial \eta}{\partial y} + \frac{1}{m}\,\frac{\partial \xi}{\partial x}\right), \qquad (5\,a)$$

wozu wir noch die dritte Gleichung (4) hinzufügen:

$$\tau = G\left(\frac{\partial \eta}{\partial x} + \frac{\partial \xi}{\partial y}\right). \qquad\qquad (5\,b)$$

Zwischen den drei elastischen Konstanten E, G und $\frac{1}{m}$ besteht bekanntlich der folgende Zusammenhang:

$$G = \frac{m}{2\,(m + 1)} \cdot E. \qquad\qquad\qquad (6)$$

Um die oben als erforderlich erkannte dritte Bedingungsgleichung für die Spannungen abzuleiten, die zusammen mit den beiden Gleichungen (1) die Aufgabe erst eindeutig macht, wenden wir auf die Spannungssumme

$$\sigma_x + \sigma_y = \frac{m E}{m - 1}\left(\frac{\partial \xi}{\partial x} + \frac{\partial \eta}{\partial y}\right) \qquad (7)$$

die Laplacesche Operation

$$\Delta = \frac{\partial^2}{\partial x^2} + \frac{\partial^2}{\partial y^2}$$

an und erhalten dafür

$$\Delta\,(\sigma_x + \sigma_y) = \frac{m E}{m - 1}\left(\frac{\partial^3 \xi}{\partial x^3} + \frac{\partial^3 \xi}{\partial x \partial y^2} + \frac{\partial^3 \eta}{\partial x^2 \partial y} + \frac{\partial^3 \eta}{\partial y^3}\right). \quad (8)$$

Andererseits folgt aus den beiden Gleichgewichtsgleichungen (1), indem man die erste partiell nach x und die zweite partiell nach y differenziert und beide addiert,

$$\frac{\partial^2 \sigma_x}{\partial x^2} + 2 \frac{\partial^2 \tau}{\partial x \, \partial y} + \frac{\partial^2 \sigma_y}{\partial y^2} = 0$$

oder nach Einführung der Formänderungsgrößen gemäß Gl. (5)

$$\frac{m^2 \, E}{m^2 - 1} \left(\frac{\partial^3 \xi}{\partial x^3} + \frac{\partial^3 \xi}{\partial x \, \partial y^2} + \frac{\partial^3 \eta}{\partial x^2 \, \partial y} + \frac{\partial^3 \eta}{\partial y^3} \right) = 0.$$

Da dieser Klammerausdruck mit der Klammer von Gl. (8) übereinstimmt, folgt die gesuchte Beziehung zwischen den Spannungen

$$\Delta \, (\sigma_x + \sigma_y) = 0. \quad \ldots \ldots \ldots \text{(9)}$$

Diese Gleichung wird als Verträglichkeits- oder Kompatibilitätsbedingung bezeichnet, da sie die Bedingung für die Spannungen darstellt, die mit der Voraussetzung eines ebenen, rein elastischen Spannungszustandes verträglich sind.

Mit Hilfe der Spannungsfunktion läßt sich die Verträglichkeitsgleichung nach Gl. (2) umschreiben in

$$\Delta \, \Delta \, F = \frac{\partial^4 F}{\partial x^4} + 2 \frac{\partial^4 F}{\partial x^2 \, \partial y^2} + \frac{\partial^4 F}{\partial y^4} = 0. \quad \ldots \text{(10)}$$

Der Vorteil der Darstellung mit Hilfe der Spannungsfunktion F liegt darin, daß man den Spannungszustand durch diese eine Funktion vollständig beschreiben kann, wobei es zur Bestimmung von F nur auf die Lösung der einen Gleichung (10) unter Berücksichtigung der jeweils geltenden Grenzbedingungen ankommt.

Man kennt für eine Reihe von ebenen Spannungsaufgaben die Spannungsfunktion F und damit den Spannungs- und Formänderungszustand in allen Einzelheiten. Es sei hierzu auf die bekannten Darstellungen der höheren Festigkeitslehre bzw. Elastizitätslehre verwiesen[1]). Wir betrachten es nicht

---

[1]) Z. B. »Drang und Zwang«, Eine höhere Festigkeitslehre für Ingenieure von A. und L. Föppl, 2 Bände, München und Berlin, R. Oldenbourg.

H. Lorenz, Technische Elastizitätslehre, München und Berlin, R. Oldenbourg.

als unsere Aufgabe, diese auf rein theoretischem Wege gewonnenen Lösungen hier wiederzugeben, sondern wir richten unser Augenmerk vor allen Dingen auf die Untersuchung von praktisch wichtigen Spannungszuständen, deren Lösung auf rein rechnerischem Wege bisher noch nicht gelungen ist, während das Verfahren der optischen Spannungsuntersuchung eine Auswertung gestattet. Gelegentlich wird es allerdings auch von Nutzen sein, zur Kontrolle des Verfahrens es auch auf Spannungszustände anzuwenden, die man auf dem Wege der Rechnung vollkommen beherrscht.

2. Der ebene Spannungszustand, bezogen auf das Netz der Hauptnormalspannungen.

Für die optische Spannungsuntersuchung mit Hilfe der Doppelbrechung ist es häufig zweckmäßig, die Gleichgewichtsbedingungen für die Spannungen wie überhaupt den ganzen Spannungszustand nicht auf ein beliebiges rechtwinkeliges Koordinatensystem zu beziehen, sondern auf das für den jeweiligen Spannungszustand charakteristische orthogonale Netz der Hauptspannungstrajektorien, das dadurch gekennzeichnet ist, daß es in jedem Punkt der Ebene des Spannungszustandes die beiden Richtungen der Hauptspannungen σ_1 und σ_2 angibt.

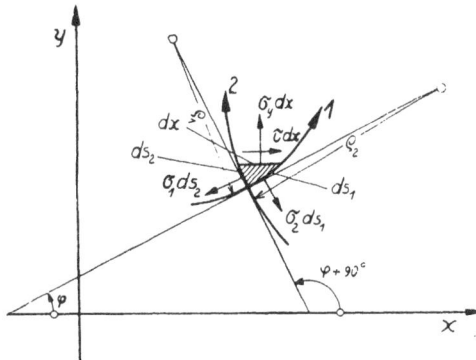

Abb. 2. Das Gleichgewicht der Spannungen in Bezug auf die Hauptspannungslinien.

Um vom rechtwinkeligen Koordinatensystem x, y auf das Netz der Hauptspannungslinien überzugehen, denken wir uns nach Abb. 2 durch einen Punkt der Ebene die beiden Hauptspannungslinien gelegt, die wir mit *1* und *2* bezeichnen wollen, und ein sehr kleines Element herausgeschnitten, das auf den beiden Hauptspannungslinien durch die Linienelemente ds_1 und ds_2 sowie durch eine Parallele zur x-Achse begrenzt wird. An den Begrenzungen greifen längs der Spannungslinien die Hauptspannungen σ_1 und σ_2 an und längs der dritten Begrenzung die Normalspannung σ_y und die Schubspannung τ. Unter Einführung des Winkels φ, den die Tangente an die Hauptspannungslinie *1* mit der x-Achse bildet, ergibt das Gleichgewicht der Spannungen in Richtung der y- und x-Achse

$$\sigma_y = \sigma_1 \sin^2 \varphi + \sigma_2 \cos^2 \varphi,$$
$$\tau = (\sigma_1 - \sigma_2) \sin \varphi \cos \varphi.$$

Dazu tritt noch als dritte Gleichung

$$\sigma_x = \sigma_1 \cos^2 \varphi + \sigma_2 \sin^2 \varphi,$$

die man wegen der Beziehung

$$\sigma_x + \sigma_y = \sigma_1 + \sigma_2$$

aus der ersten der obigen Gleichungen ablesen kann.

Für die späteren Anwendungen ist es zweckmäßig, statt der Hauptspannungen σ_1 und σ_2 selbst ihre Summe bzw. Differenz einzuführen:

$$\left. \begin{aligned} p &= \sigma_1 + \sigma_2, \\ q &= \sigma_1 - \sigma_2. \end{aligned} \right\} \quad \cdots \cdots \cdots \quad (1)$$

Die Größen p und q bestimmen zusammen mit dem Netz der Hauptspannungslinien den Spannungszustand natürlich ebenso wie die Hauptspannungen σ_1 und σ_2 selbst. In der Tat gibt ja $p/2$ die Lage des Mittelpunktes und $q/2$ den Halbmesser des Mohrschen Spannungskreises an. Die letztere Größe ist zugleich die maximale auftretende Schubspannung τ_{max}, eine Größe, die man, wie wir sehen werden, bei der optischen Spannungsmessung unmittelbar erhält.

Mit Hilfe der Ausdrücke p und q lassen sich die obigen Beziehungen zwischen den Spannungen folgendermaßen schreiben:

$$\left. \begin{aligned} \sigma_x &= \frac{p}{2} + \frac{q}{2} \cos 2\varphi, \\ \sigma_y &= \frac{p}{2} - \frac{q}{2} \cos 2\varphi, \\ \tau &= \frac{q}{2} \sin 2\varphi. \end{aligned} \right\} \quad \cdots \cdots \quad (2)$$

Indem man diese Werte für die Spannungen σ_x, σ_y und τ in die beiden Gleichgewichtsgleichungen (1) von § 1 einsetzt und dabei berücksichtigt, daß sowohl p und q als auch φ Funktionen der Koordinaten x, y sind, erhält man die folgenden beiden Gleichungen:

$$\left.\begin{aligned}
\frac{\partial p}{\partial x} - 2q\,\frac{\partial \varphi}{\partial x}\sin 2\varphi + 2q\,\frac{\partial \varphi}{\partial y}\cos 2\varphi + \\
+ \frac{\partial q}{\partial x}\cos 2\varphi + \frac{\partial q}{\partial y}\sin 2\varphi = 0, \\
\frac{\partial p}{\partial y} + 2q\,\frac{\partial \varphi}{\partial y}\sin 2\varphi + 2q\,\frac{\partial \varphi}{\partial x}\cos 2\varphi - \\
- \frac{\partial q}{\partial y}\cos 2\varphi + \frac{\partial q}{\partial x}\sin 2\varphi = 0.
\end{aligned}\right\} \quad (3)$$

Man könnte aus diesen beiden Gleichungen zwei Gleichungen zwischen q und φ allein ohne p gewinnen, indem man einerseits von der Beziehung $\dfrac{\partial^2 p}{\partial x \partial y} = \dfrac{\partial^2 p}{\partial y \partial x}$ Gebrauch macht, andererseits die Verträglichkeitsgleichung (9) von I, 1

$$\frac{\partial^2 p}{\partial x^2} + \frac{\partial^2 p}{\partial y^2} = 0$$

heranzieht. Die so gewonnenen Gleichungen eignen sich jedoch für die Anwendung bei der optischen Spannungsmessung weniger, da sie Differentialquotienten zweiter Ordnung enthalten, während wir mit Gleichungen auskommen werden, in denen nur erste Differentialquotienten vorkommen.

Wir wollen die obigen Gl. (3) auf das Netz der Hauptspannungslinien beziehen, indem wir uns den Anfangspunkt des x-y-Koordinatensystems in den gerade ins Auge gefaßten Punkt des ebenen Spannungszustandes und die Koordinatenachsen in die Richtungen der Hauptspannungen gelegt denken, so daß an Stelle von dx, dy bzw. ds_1, ds_2 zu setzen ist und $\varphi = 0$ wird. Damit erhält man

$$\left.\begin{aligned}
\frac{\partial p}{\partial s_1} + \frac{\partial q}{\partial s_1} + 2q\,\frac{\partial \varphi}{\partial s_2} = 0, \\
\frac{\partial p}{\partial s_2} - \frac{\partial q}{\partial s_2} + 2q\,\frac{\partial \varphi}{\partial s_1} = 0.
\end{aligned}\right\} \quad \ldots \ldots (4)$$

Die Differentialquotienten $\dfrac{\partial \varphi}{\partial s_1}$ und $\dfrac{\partial \varphi}{\partial s_2}$ stellen die Krümmungen der beiden Hauptspannungslinien dar. Wir

wollen hinsichtlich des Vorzeichens die folgenden Festsetzungen treffen:

$$\frac{\partial \varphi}{\partial s_1} = \frac{1}{\varrho_1}, \quad \frac{\partial \varphi}{\partial s_2} = -\frac{1}{\varrho_2}. \quad \ldots \ldots (5)$$

Damit und unter Berücksichtigung der Gl. (1) kann man
den Gleichgewichtsbedingungen noch folgende Gestalt geben:

$$\left.\begin{aligned}
\frac{\partial \sigma_1}{\partial s_1} &= \frac{\sigma_1 - \sigma_2}{\varrho_2}, \\
\frac{\partial \sigma_2}{\partial s_2} &= -\frac{\sigma_1 - \sigma_2}{\varrho_1}.
\end{aligned}\right\} \quad \ldots \ldots \ldots (6)$$

Man kann übrigens diese Gleichungen, die das Gleichgewicht
eines durch Hauptspannungslinien begrenzten Elementarkör-
pers in Richtung jeder der beiden Hauptrichtungen ausdrücken,
unmittelbar aus diesen Gleichgewichtsbedingungen ableiten,
wenn auch die Krümmung der Hauptspannungslinien gewisse
Schwierigkeiten dabei bereitet. Aus diesem Grund wurde der
obige, zwar etwas umständliche, aber dafür gedanklich ein-
fachere Weg zur Ableitung der Gl. (6) benützt.

Von den Gl. (4) bzw. (6) werden wir bei der Bestimmung
der Spannungen auf Grund des optischen Untersuchungsver-
fahrens Gebrauch machen.

3. Beschreibung der Versuchseinrichtung für die optische Spannungsuntersuchung.

Das Verfahren beruht auf dem von B r e w s t e r aufgestellten
Gesetz, daß durchsichtige Körper durch innere Spannungen
doppelbrechend werden. Hat man einen scheibenförmigen Körper aus durchsichtigen Werkstoffen, wie Glas, Zelluloid oder
Bakelit usw. und schickt ebenpolarisiertes Licht senkrecht
zur Scheibenebene hindurch, so bleibt es nach dem Durchgang
eben polarisiert, wenn der Körper spannungslos ist, während
sich beim Vorhandensein von Spannungen der ankommende
eben polarisierte Strahl in Richtung der beiden aufeinander
senkrecht stehenden Hauptspannungen σ_1 und σ_2 aufspaltet.
Beim Durchgang durch die Scheibe von der Dicke D erfährt
jede der beiden Teilschwingungen eine Verzögerung proportional der zugehörigen Hauptspannung σ_1 bzw. σ_2, so daß sie

sich nach dem Durchgang durch die Scheibe im allgemeinen nicht mehr zu einem eben polarisierten Lichtstrahl zusammensetzen lassen. Die Phasenverschiebung δ der einen Teilschwingung gegenüber der anderen beträgt nach dem Durchgang

$$\delta = \frac{C}{\lambda} (\sigma_1 - \sigma_2) \, D, \quad \ldots \ldots \ldots (1)$$

worin C eine für den Werkstoff der Probekörper kennzeichnende Konstante und λ die Wellenlänge des verwendeten Lichtes bedeuten. δ ist eine reine Zahl, so daß C die Dimension $\frac{cm^2}{kg}$ besitzt.

Abb. 3. Die Versuchseinrichtung im Münchener Mechanisch-Technischen Laboratorium.

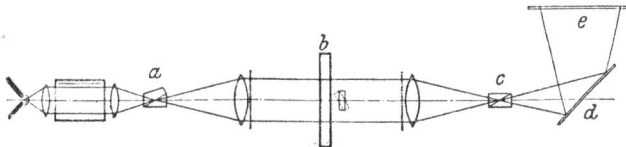

Abb. 4. Der Strahlengang in schematischer Darstellung.

Um das Verfahren am deutlichsten kennenzulernen, knüpfen wir an die Versuchseinrichtung an, die bei den Münchener Versuchen benutzt worden ist (Abb. 3)[1]. Abb. 4 zeigt schema-

---

[1] S. vor allem die Münchener Dissertation von H. Cardinal v. Widdern, Mitt. Mech.-techn. Lab. Techn. Hochsch. München, 34. Heft, 1930, ferner Dissertation von H. Kurzhals, ebenda, 35. Heft, 1931. — Dissertation E. Armbruster, Einfluß der Oberflächenbeschaffenheit auf den Spannungsverlauf und die Schwingungsfestigkeit, Berlin 1930. Dissertation L. Kettenacker, Forschg. Ing.-Wes., Bd. 3 (1932), Nr. 2, S. 71.

Die optischen Teile der Versuchsanordnung wurden von der Firma Leitz-Wetzlar nach unseren Angaben ausgeführt.

tisch den Strahlengang. Wir verfolgen den Lichtstrahl von der Osram-Punktlichtlampe links durch ein Wasserbad und ein erstes Nikolsches Prisma *a* (Polarisator), das etwa nur in der senkrechten Ebene schwingendes Licht durchläßt, weiter durch den Glaskörper, der sich auf dem Aufspanntisch befindet, und durch ein zweites Nikolsches Prisma *c* (Analysator), das um 90⁰ gegen das erste gedreht ist und nur waagrecht schwingendes Licht durchläßt, und schließlich zu dem unter 45⁰ gegen die optische Achse geneigten Spiegel, der die ankommenden Strahlen senkrecht nach oben wirft, so daß sie auf dem waagrechten Zeichentisch gut beobachtet und ausgemessen werden können.

Der Aufspanntisch ist in Abb. 5 zu sehen mit einem Glasschenkel als Modellkörper, dessen eines Ende eingespannt ist, während das andere durch geeichte Federn äußeren Kräften bestimmter Größe ausgesetzt wird. Der Aufspanntisch mit den zu untersuchenden Modellkörpern läßt sich in der eigenen Ebene nach beiden Richtungen verschieben, so daß jeder Punkt des Modelles in die optische Achse verschoben werden kann, und außerdem läßt er sich um die optische Achse drehen, wobei die Größe der Drehung durch eine Winkelteilung genau abgelesen werden kann. Ist der Modellkörper an irgendeiner Stelle spannungslos, so wird der ankommende in der senkrechten Ebene schwingende Lichtstrahl ohne Änderung seiner Ebene durchgelassen und vom zweiten Nikolschen

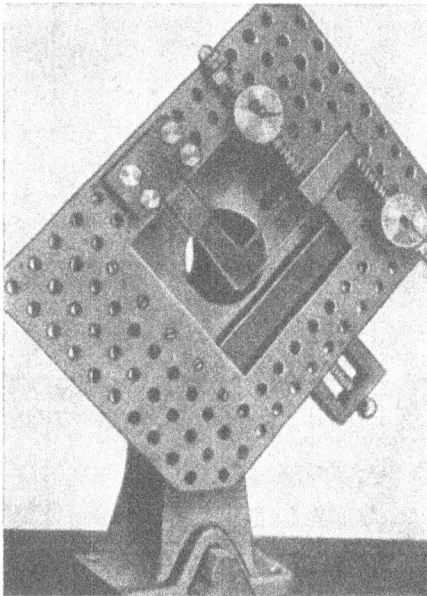

Abb. 5. Der Aufspanntisch.

Prisma vollständig verschluckt, so daß die betreffende Stelle auf dem Zeichentisch dunkel erscheint. Dagegen werden die Stellen des Modelles, bei denen Spannungen σ_1 und σ_2 vorhanden sind, wegen des oben erwähnten optischen Effektes im allgemeinen mehr oder weniger hell erscheinen.

Es gibt aber Ausnahmepunkte, die trotz vorhandener Spannungen dunkel erscheinen, und zwar erstens solche, bei denen $\sigma_1 = \sigma_2$ ist, so daß nach Gl. (1) der optische Effekt Null wird — es sind dies die sog. singulären Punkte des Spannungszustandes —, und zweitens solche, bei denen das Achsenkreuz der beiden Hauptspannungen dem Achsenkreuz der beiden Nikolschen Prismen parallel ist. Auf eine dritte Gruppe von Ausnahmepunkten wird später eingegangen werden.

Für eine bestimmte Stellung des Modellkörpers gibt es im allgemeinen unendlich viele Punkte der Scheibe, für die die letztere Bedingung erfüllt ist. Sie liegen auf einer Kurve, die im Bild auf dem Zeichentisch e, Abb. 4, schwarz erscheint. Diese Kurve wird als Isokline bezeichnet, weil für alle ihre Punkte die Neigung der Hauptspannungsrichtungen den gleichen ganz bestimm-

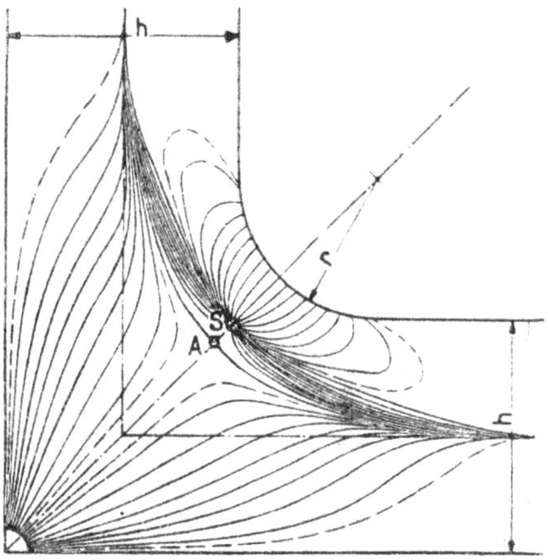

$r : h = 0.6$

Abb. 6. Isoklinen bei einem auf reine Biegung beanspruchten Winkel (symmetrisches Stabeck).

ten, aus der Stellung des Versuchskörpers zu den feststehenden Richtungen der Nikolschen Prismen zu entnehmenden Wert aufweist. Dreht man nun den Aufspanntisch und damit das Modell um einen bestimmten Winkel, etwa 5^0, so tritt eine zweite schwarze Linie als zweite Isokline auf, längs der die Hauptspannungslinien wieder parallel sind und gegenüber der Richtung längs der ersten Isokline um 5^0 geneigt sind usw.

Auf diese Weise erhält man das Feld der Isoklinen, wie es
für einen auf reine Biegung beanspruchten Winkel durch
Abb. 6 wiedergegeben ist.

Die jeder Stellung entsprechende Isokline besteht im Beispiel von Abb. 6 aus zwei Ästen, von denen immer einer durch
den singulären Punkt S hindurchgeht. Da längs jeder Isokline
die Neigung der Hauptspannungstrajektorien festliegt, erhält
man aus den Isoklinen durch graphische
Integration das orthogonale Netz der
Hauptspannungslinien, wie es im Falle des
auf reine Biegung beanspruchten Winkels
aus Abb. 7 zu entnehmen ist. In I, 4 werden wir hierauf noch ausführlich eingehen.

Mit der Kenntnis der Hauptspannungstrajektorien ist
der erste Schritt zur
Ermittlung des Span-
nungszustandes ge-
tan. Es bleibt noch
übrig, die Größe der
Spannungen selbst an
jeder Stelle zu finden.
Darauf soll in I, 5 ein-
gegangen werden. Da-
gegen sei hier noch
auf einige technische
Einzelheiten hingewiesen, die für die Gewinnung der Span-
nungstrajektorien von Bedeutung sind.

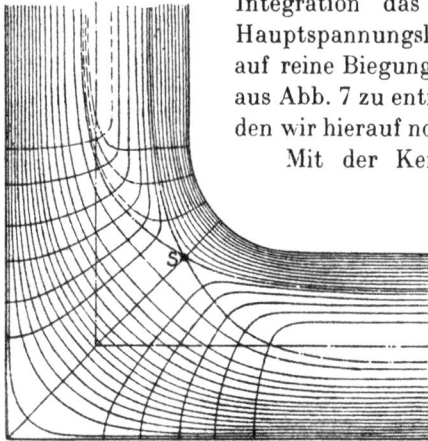

$r:h = 0,6$

Abb. 7. Die Hauptspannungslinien.

Wie von mehreren Experimentatoren betont wird, ist die
Verwendung von ursprünglich spannungsfreiem, mit größter
Sorgfalt bearbeitetem Glas als Werkstoff für die Modellkörper
zweckmäßig, wenigstens wenn es sich um möglichst genaue
Spannungsermittlung handelt und die Gestalt der Körper
nicht zu umständlich ist, so daß sie aus Glas leicht hergestellt
werden können. Aus Gründen, die später noch ausführlich
erörtert werden, verwendet man trotzdem häufig an Stelle
von Glas andere Stoffe wie Zelluloid, Bakelit und Phenolit.
Aber bleiben wir einmal beim Glas als Stoff für die Modellkörper, wie es z. B. auch bei den Münchener Versuchen bisher

hauptsächlich Verwendung gefunden hat. Wie aus Gl. (1) hervorgeht, wächst mit zunehmender Belastung der optische Effekt, der durch den Phasenwinkel δ gekennzeichnet ist; denn die Spannungen wachsen proportional mit den Lasten an. Je größer der optische Effekt ist, um so schärfer treten die Isoklinen als schwarze Linien in Erscheinung. Aus diesem Grunde ist es zweckmäßig und im Interesse der Genauigkeit des Verfahrens gelegen, das Glasmodell stark zu belasten. Jedoch ist dem eine Grenze gesetzt durch die Bruchgefahr. Da die zulässigen Zugspannungen bei Glas wesentlich geringer sind als die zulässigen Druckspannungen, wird man sich von vornherein überlegen, an welcher Stelle, die fast immer eine Randstelle ist, die maximale Spannung auftreten dürfte, und wird die Belastung so einrichten, daß diese maximale Spannung eine Druckspannung wird. Dies kann man in der Regel leicht erreichen; denn die Änderung des Vorzeichens aller Lasten hat die Änderung des Vorzeichens aller Spannungen im Gefolge.

Die genaue Einzeichnung der Isoklinen erfordert eine gewisse Übung. Unter Umständen kann man an Stellen, wo das Einzeichnen besondere Schwierigkeiten macht, von theoretischen Überlegungen mit Vorteil Gebrauch machen; z. B. in der Umgebung von singulären Punkten (s. Punkt S in Abb. 6 und 7), worauf später in III, 11 näher eingegangen werden soll.

Es sei noch darauf hingewiesen, daß man die Isoklinen auch noch auf einem anderen als dem oben beschriebenen Wege erhalten kann. Statt den Aufspanntisch mit dem Modell jeweils um einen gewissen Winkel zu drehen, um damit eine neue Isokline zu gewinnen, kann man diese Isokline auch dadurch bekommen, daß man das Modell in Ruhe läßt, dafür aber die beiden Nikolschen Prismen um denselben Winkel wie vorher das Modell nur in der entgegengesetzten Richtung dreht. Bei den meisten Apparaturen wird in der eben angegebenen Weise vorgegangen. Wir verwenden bei unserer Münchener Apparatur den drehbaren Aufspanntisch, um nur mit einer einzigen Drehung auszukommen, was mit Rücksicht auf die Genauigkeit vorteilhaft ist.

Auf dem Zeichentisch e (Abb. 4) können mit Hilfe von Reißschiene und rechten Winkeln die Richtungen der Haupt-

spannungslinien längs jeder Isokline gleich eingezeichnet werden. Es muß zu dem Zweck jede Drehung des Aufspanntisches
durch eine entsprechende Drehung des auf dem Zeichentisch
drehbar gelagerten Zeichenrahmens ausgeglichen werden, was
man am einfachsten dadurch erreicht, daß man gleich am An-
fang die Konturen des Modellkörpers in die Zeichnung einträgt
und nach jeder Drehung des Aufspanntisches den Zeichenrah-
men soweit nachdreht bis wieder die Konturen der Zeichnung
mit den Konturen des Bildes zusammenfallen.

Es sei noch einmal auf den oben erwähnten singulären
Punkt S hingewiesen, der dadurch gekennzeichnet ist, daß
hier die beiden Hauptspannungen σ_1 und σ_2 einander gleich
sind, so daß die Schubspannung verschwindet und damit auch
der optische Effekt nach Gl. (1). Wir erhalten demnach unabhängig von der Drehung des Modellkörpers an dieser Stelle
dauernd Verdunkelung. Unter Umständen kann dies für alle
Punkte einer ganzen Linie gelten. In diesem Falle spricht man
von einer »singulären Linie«. Wenn man im Zweifel ist, ob
eine dunkle Linie eine derartige singuläre Linie ist oder eine
Isokline, braucht man nur das Modell mit dem Aufspanntisch
zu drehen. Wandert die dunkle Linie, so ist sie eine Isokline;
bleibt sie dagegen im Modellkörper erhalten, unabhängig von
der Drehung, so ist sie eine singuläre Linie.

Man hat noch ein zweites Hilfsmittel, um zu entscheiden, ob
eine dunkle Linie eine Isokline oder eine singuläre Linie ist, wo-
von bei manchen Untersuchungen Gebrauch gemacht wird. Verwendet man monochromatisches Licht und bringt an jeder der
beiden, vor und hinter dem Aufspanntisch befindlichen anastig-
matischen Linsen (s. Abb. 4) ein Glimmerplättchen für $1/_4$ Wellenlänge Phasenverschiebung an, so verschwinden alle Isoklinen
für alle Stellungen des Modellkörpers und nur die singulären
Linien bleiben als dunkle Linien bestehen. Diese Erscheinung
beruht darauf, daß das ankommende, ebenpolarisierte Licht
durch das erste Glimmerplättchen in zirkularpolarisiertes Licht
verwandelt wird, für das beim Durchgang durch den gespannten
Körper die Hauptspannungslinien keine ausgezeichneten Richtungen bedeuten. Von dem zweiten Glimmerplättchen wird
dann die Phasenverschiebung von $1/_4$ Wellenlänge des ersten
Plättchens wieder rückgängig gemacht.

Eine Rolle spielt auch die Art des verwendeten Lichtes. Wichtig ist eine möglichst punktförmige Lichtquelle. Da sich δ in Gl. (1) auf die Wellenlänge des verwendeten Lichtes bezieht, so findet bei Verwendung einer weißen Lichtquelle eine Aufspaltung in die verschiedenen Farben statt. Bei Glas, das einen verhältnismäßig geringen Wert der optischen Konstante hat, tritt dies, wenn die Scheibendicke 1 cm nicht wesentlich überschreitet, kaum in Erscheinung, wohl aber bei Stoffen mit einer verhältnismäßig hohen optischen Konstante. Die dann auftretenden Zonen gleicher Farbe, »Isochromaten« genannt, entsprechen, wie wir in I, 6 zeigen werden, den Zonen gleicher Hauptspannungsdifferenz. Sie sind bei der Ermittlung der Isoklinen kaum störend, da sich die Isoklinen deutlich als schwarze Linien abheben.

Wie wir in I, 6 erläutern werden, können die bei optisch hochempfindlichen Stoffen auftretenden Isochromaten zur Ermittlung der Hauptspannungsdifferenz benutzt werden. (Diese Methode bildet dann einen Ersatz für die Kompensationsmethode, die in I, 5 geschildert werden wird). Es ist dann notwendig, die Isochromaten möglichst genau zu ermitteln. Weißes Licht erweist sich hierbei nicht als zweckmäßig, da die auftretenden Farbzonen allmählich ineinander übergehen und sich infolgedessen die Grenzen zwischen den einzelnen Farbzonen nicht sehr genau feststellen lassen. Man benutzt deshalb hierbei besser monochromatisches Licht. Statt der Farbzonen erhält man dann abwechselnd helle und dunkle Zonen. Ferner hat man, wie oben bereits erwähnt wurde, bei monochromatischem Licht den Vorteil, durch Einschaltung der Glimmerplättchen für $\frac{1}{4}$ Wellenlänge des verwendeten Lichtes die Isoklinen auslöschen zu können, so daß nur noch Isochromaten im Bilde erscheinen.

4. Einfaches Beispiel zur Bestimmung der Isoklinen und Hauptspannungstrajektorien.

Zur Erläuterung des im vorigen Paragraphen entwickelten Verfahrens zur Bestimmung der Trajektorien diene ein Beispiel.

Es handelt sich um den ebenen Spannungszustand, der sich in der unendlichen Halbebene unter der Wirkung einer

längs eines Randstückes gleichmäßig verteilten Belastung aus-
bildet. Abb. 8 zeigt diesen Belastungsfall, und zwar sind links
von der Symmetrieachse die Isoklinen eingetragen, die jeweils
Sprüngen des Neigungswinkels der Hauptspannungstrajektorien um je 10⁰ entsprechen. An einzelnen Punkten sind die
Richtungen der Hauptspannungstrajektorien eingetragen. Aus
diesen Richtungen erhält man das Netz der Hauptspannungslinien, das rechts von der Symmetrielinie in Abb. 8 eingezeichnet ist. Es ist zweckmäßig, namentlich Anfängern, die in der

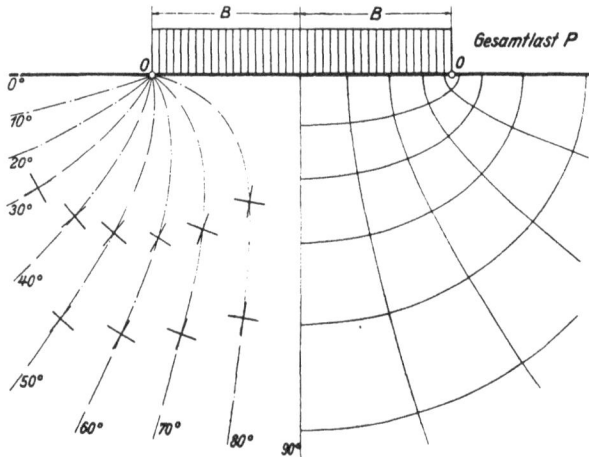

Abb. 8. Beispiel zur Ermittlung der Hauptspannungslinien.

experimentellen Durchführung erst noch Erfahrungen sammeln
müssen, derartige einfache Aufgaben zu stellen, die man auch
nach der strengen Elastizitätstheorie behandeln kann, so daß
die Möglichkeit besteht, das Ergebnis des Versuches nach-
zuprüfen. Wie aus der strengen Lösung des Belastungsfalles
von Abb. 8 hervorgeht, sind die Isoklinen gleichseitige Hyperbeln, die alle durch den Anfangspunkt 0 hindurchgehen und
deren Asymptoten jeweils die für die betreffende Isokline gültige
Richtung der Hauptspannungstrajektorien angeben. Auch die
im folgenden Paragraphen zu besprechende Messung der maximalen Schubspannung mit Hilfe der Kompensation läßt sich
an einem derartigen Beispiel üben und nachprüfen.

Bei dem in Abb. 8 angegebenen Belastungsfall besteht eine experimentelle Schwierigkeit, auf die hier hingewiesen werden muß. Es ist nicht ganz einfach, eine gleichförmige Belastung längs eines geraden Randstückes zu verwirklichen. Wenn man einen Stempel senkrecht auf den Rand aufdrückt, so wird damit noch nicht mit Sicherheit eine gleichmäßige Lastverteilung erreicht, selbst wenn man vorher eine möglichst ebene Begrenzung der beiden Berührungsflächen hergestellt hat. Es kommt ganz wesentlich darauf an, ob das Material des Stempels nachgiebiger ist als das Material der Halbebene oder ob sie beide aus gleichem Material bestehen. Im ersteren Falle entsteht an den Ecken des Stempels eine Druckerhöhung gegenüber der gleichmäßigen Lastverteilung, während im letzteren Fall, oder wenn man zwischen dem härteren Stempel und der Halbebene ein weicheres Polster zwischenlegt, mit einer gleichmäßigeren Lastverteilung gerechnet werden kann[1]).

5. Messung der maximalen Schubspannung mit Hilfe der Kompensation.

In I, 3 haben wir gesehen, wie man mittels der optischen Versuchseinrichtung das Netz der Hauptspannungslinien gewinnen kann. Wir haben diese Bestimmung als den ersten Schritt zur Ermittlung des Spannungszustandes bezeichnet.

Beim zweiten Schritt muß man die Größe $\sigma_1 - \sigma_2$, die in Gl. (1) von I, 3 auftritt, für alle Punkte der Scheibe ermitteln. Dies geschieht zweckmäßig mit Hilfe des Kompensators, der in Abb. 3 und 4 unmittelbar rechts neben dem Aufspanntisch zu sehen ist und sich in der optischen Achse der Versuchsanordnung befindet. Gewöhnlich verwendet man dazu einen natürlichen Kristall von bekannter Doppelbrechung, der für die verschiedenen Drehrichtungen gegenüber der optischen Achse eine bestimmte Größe der Doppelbrechung zeigt, die man aus einer Eichtabelle entnehmen kann[2]). Man stellt den

---

[1]) Siehe G. Mesmer, »Vergleichende spannungsoptische Untersuchungen und Fließversuche unter konzentriertem Druck«, Göttingen, Diss. 1929.

[2]) Die genauere Beschreibung des Kompensators s. z. B. in der oben erwähnten Dissertation von Cardinal v. Widdern.

Kompensator so ein, daß die durch den Spannungszustand an der betreffenden Stelle des Modells, die in die optische Achse geschoben worden ist, hervorgerufene Phasenverschiebung δ gerade wieder rückgängig gemacht wird, und liest die Größe δ mit Hilfe der Eichtabelle des Kompensators ab. Damit erhält man $\sigma_1 - \sigma_2$, das nach dem Mohrschen Spannungskreis bekanntlich gleich der doppelten maximalen Schubspannung an der betreffenden Stelle ist.

Um ein einwandfreies Bild der Spannungsverteilung zu erhalten, muß man diese Messung an sehr vielen einzelnen Punkten, die jedesmal für die Messung in die optische Achse zu verschieben sind, ausführen. So haben wir bei den Münchener Versuchen, da wir auf größtmögliche Genauigkeit achteten, im Falle der auf Biegung beanspruchten Winkel das ganze Feld durch ein Netz von etwa 300 Punkten abgetastet und für jeden einzelnen die Kompensation durchgeführt.

Gelegentlich wird zur Kompensation ein gewöhnlicher Flachstab aus Glas verwendet, der so in den Strahlengang gebracht wird, daß die optische Achse seine Seitenfläche senkrecht trifft. Dieser Stab wird auf Zug oder Druck belastet und die Belastung so lange gesteigert, bis dadurch die Phasenverschiebung, die von der Beanspruchung an der in die optische Achse gerückten Stelle des Modellkörpers herrührt, wieder rückgängig gemacht worden ist, was durch Verdunkelung dieser Stelle im Bild festgestellt wird. Wenn der Modellkörper und der Glasstab aus gleichem Material bestehen und wenn sie außerdem gleiche Dicke haben, stimmt die maximale Schubspannung an der betreffenden Stelle des Modellkörpers mit der bekannten maximalen Schubspannung im Zugstab überein. Wir hatten bei unserer Münchener Versuchsanordnung auch zunächst diese scheinbar sehr einfache Art der Kompensation gewählt, mußten uns aber bald davon überzeugen, daß es äußerst schwierig ist, einen Glasstab auf reinen Zug oder Druck zu beanspruchen, ohne daß ein kleines Biegungsmoment mitwirkt. Wir haben deshalb diese Art der Kompensation vorläufig wieder verlassen.

6. Der Strahlengang und die Isochromaten.

Zum besseren Verständnis des optischen Vorgangs bei der Doppelbrechung wollen wir einen Lichtstrahl, nachdem er das erste Nikolsche Prisma durchlaufen hat und in der vertikalen Ebene polarisiert sein soll, auf seinem weiteren Lauf verfolgen. Er trifft senkrecht auf das in Spannung befindliche ebene Modell auf, etwa in einem Punkt, in dem seine Schwingungsebene gegen die Hauptspannungsrichtungen, die wir mit ξ und η bezeichnen wollen, unter dem Winkel φ bzw. 90^0-φ geneigt sind (s. Abb. 9).

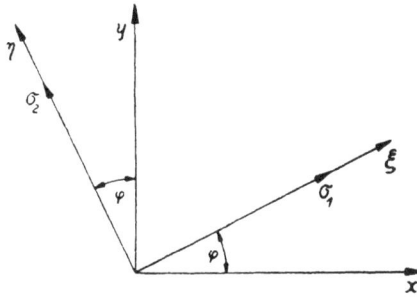

Abb. 9. Zur Zerlegung des vom Polarisator kommenden Lichtes beim Durchgang durch das Modell und den Analysator.

Vor dem Eindringen in das Modell haben wir Transversalschwingungen in der y-Achse gemäß

$$y = a \sin \omega t \text{ und } x = 0, \ \ldots \ldots \ (1)$$

wenn mit a die Amplitude und mit ω die Frequenz dieser Schwingung bezeichnet wird. Die Frequenz ω hängt mit der Schwingungsdauer τ bzw. der Wellenlänge λ bekanntlich folgendermaßen zusammen:

$$\omega = \frac{2\pi}{\tau} = 2\pi \frac{c}{\lambda},$$

worin c die Lichtgeschwindigkeit bedeutet. Der Einfachheit halber sei eine Lichtquelle angenommen, die monochromatisches Licht aussendet. Bei einer weißen Lichtquelle würden sich unsere Betrachtungen auf jede Farbe einzeln beziehen.

Wir zerlegen die in der y-Richtung erfolgende Schwingung in die beiden Hauptrichtungen des Spannungszustandes und erhalten dann:

$$\xi = a \sin \varphi \sin \omega t, \quad \eta = a \cos \varphi \sin \omega t. \ \ldots \ (2)$$

Diese beiden Teilschwingungen ξ und η gehen im allgemeinen mit verschiedenen Geschwindigkeiten c_1 und c_2 durch das Modell hindurch, und zwar sind die Verzögerungen, die sie erleiden, nach dem Brewsterschen Gesetz proportional den Hauptspannungen σ_1 bzw. σ_2. Beträgt die Dicke des Modelles D, so ist die Zeit der Durcheilung dieser Lichtstrecke D für die Teilschwingungen verschieden, und zwar

$$t_1 = \frac{D}{c_1} \text{ bzw. } t_2 = \frac{D}{c_2},$$

so daß sich die beiden Teilschwingungen ξ und η nach dem Durchdringen des Modelles im allgemeinen nicht mehr zu einem eben polarisierten Strahl zusammensetzen lassen. Die Phasenverschiebung ergibt sich aus

$$t_2 - t_1 = \frac{D}{c_2} - \frac{D}{c_1} = D\frac{c_1 - c_2}{c_1 c_2},$$

wofür man auch genau genug

$$t_2 - t_1 = D\frac{c_1 - c_2}{c^2} \quad \cdots \cdots \cdots \quad (3)$$

setzen kann, da sich c_1 und c_2 nur wenig von c unterscheiden. Nach dem Brewsterschen Gesetz läßt sich die letzte Gleichung noch folgendermaßen ergänzen:

$$t_2 - t_1 = D\frac{c_1 - c_2}{c^2} = k(\sigma_1 - \sigma_2) \quad \cdots \cdots \quad (4)$$

Vergleicht man hiermit Gl. (1) von I, 3, worin für $\delta = \omega(t_2 - t_1)$ gesetzt werden kann, so ist

$$k = \frac{C\,D}{\lambda\,\omega}.$$

Die beiden entsprechend Gl. (2) zugrundegelegten Teilschwingungen verlassen demnach das Modell und damit auch das zweite Nikolsche Prisma nicht gleichzeitig. Wir können sie daher hinter dem Modell nicht mehr überlagern, sondern müssen für unsere Betrachtungen zwei neue Teilschwingungen ξ_0 und η_0 zugrundelegen, welche das Modell gleichzeitig verlassen und miteinander das zweite Nikolsche Prisma und die Mattscheibe des Zeichentisches durcheilen; sie mögen den Schwingungen ξ und η um die Zeiten t' bzw. t'' vorauseilen. Da sich die Frequenz ω während des ganzen Vorganges nicht ändert, gilt dann vor, in und hinter dem Modell

$$\xi_0 = a\sin\varphi\sin\omega(t + t'), \quad \eta_0 = a\cos\varphi\sin\omega(t + t'').$$

Die zugehörigen Lichtwege sind dann vor dem Modell

$$s_1 = c\,(t + t')\,, \quad s_2 = c\,(t + t'')\,.$$

Entsprechend unseren Festsetzungen werden für den Durchgang durch das Modell, also den Lichtweg D, die Zeiten t_1 bzw. t_2 benötigt. Hinter dem Modell gilt daher für die Lichtwege

$$s_1 = c\,(t + t' - t_1) + D\,, \quad s_2 = c\,(t + t'' - t_2) + D\,.$$

Damit die Schwingungen das Modell gleichzeitig verlassen, muß hierbei $s_1 = s_2$ werden. Diese Bedingung befriedigen wir am einfachsten, wenn wir die noch willkürlichen Konstanten t' und t'' mit

$$t' = t_1 \quad \text{und} \quad t'' = t_2$$

festlegen, so daß sich ergibt:

$$\xi_0 = a \sin \varphi \, \sin \omega\,(t + t_1)\,, \quad \eta_0 = a \cos \varphi \, \sin \omega\,(t + t_2)\,. \quad . \ (5)$$

Da das zweite Nikolsche Prisma nur in der x-Richtung schwingendes Licht durchläßt, sind die x-Komponenten der durch Gl. (5) gegebenen Schwingungen zu bilden und zu addieren:

$$x = \xi_0 \cos \varphi - \eta_0 \sin \varphi =$$
$$= \frac{a}{2} \sin 2\varphi \left[\sin \omega\,(t + t_1) - \sin \omega\,(t + t_2) \right]$$

oder mit Benützung einer bekannten trigonometrischen Formel

$$x = -a \sin 2\varphi \cdot \sin \omega \, \frac{t_2 - t_1}{2} \, \cos \omega \left(t + \frac{t_1 + t_2}{2} \right) \ . \ . \ (6)$$

Diese Gleichung bedeutet eine harmonische Schwingung in der x-Richtung mit der Amplitude

$$A = a \sin 2\varphi \cdot \sin \omega \, \frac{t_2 - t_1}{2} \ . \ . \ . \ . \ . \ . \ (7)$$

A verschwindet also für $\varphi = 0$ und $\varphi = 90^0$, d. h. es tritt Verdunkeln ein an den Stellen, die — wie wir in I, 3 gesehen haben — die Isoklinen ergeben.

Will man an einer bestimmten Stelle kompensieren, d. h. die Größe der Spannungsdifferenz $\sigma_1 - \sigma_2$ nach I, 5 bestimmen, so geht aus Gl. (7) hervor, daß man zweckmäßig den Aufspanntisch mit dem Modell in eine Stellung unter $\varphi = 45^0$ gegen die Hauptspannungsrichtungen an der betreffenden

Stelle dreht, damit $\sin 2\varphi$ in Gl. (7) seinen maximalen Wert 1 annimmt. Die Größe von A oder, was dasselbe ist, die Intensität des Lichtes, das vom zweiten Nikolschen Prisma durchgelassen wird, ist nach Gl. (7) eine Funktion der Phasendifferenz $\omega(t_2 - t_1)$ und damit wegen Gl. (4) auch eine Funktion der Spannungsdifferenz $\sigma_1 - \sigma_2$, deren Größe sich aus dem Vergleich mit der zur Verdunkelung erforderlichen Drehung des Kompensators ergibt.

Die Amplitude A der vom zweiten Nikol durchgelassenen Lichtschwingung kann aber auch verschwinden, wenn der zweite Faktor $\sin \omega \dfrac{t_2 - t_1}{2}$ zu Null wird. Dies ist der Fall, wenn bei ganzzahligem n

$$\omega \frac{t_2 - t_1}{2} = n\pi \quad \ldots \ldots \ldots \quad (8)$$

oder wegen Gl. (4)

$$\omega k \frac{\sigma_1 - \sigma_2}{2} = \frac{C D}{\lambda} \cdot \frac{\sigma_1 - \sigma_2}{2} = n\pi, \quad \ldots \quad (8\,\mathrm{a})$$

während umgekehrt maximale Helligkeit an den Stellen auftritt, wo die Beziehung gilt

$$\omega \frac{t_2 - t_1}{2} = n\pi + \frac{\pi}{2}. \quad \ldots \ldots \quad (9)$$

Man nennt die Linien, die die Gl. (8a) bzw. (9) erfüllen, Isochromaten.

Wenn man Flintglas als Material für den Modellkörper verwendet und die Dicke D des Modelles wie üblich nicht wesentlich größer als 1 cm nimmt, wird wegen der geringen optischen Konstante C, die Flintglas besitzt, $t_2 - t_1$ nach Gl. (4) nicht sehr groß werden können, da man dem Glas wegen Bruchgefahr nur eine begrenzte maximale Schubspannung $\dfrac{\sigma_1 - \sigma_2}{2}$ zumuten darf. Um dies abzuschätzen, nehmen wir als maximalen zulässigen Wert der größten Schubspannung $\dfrac{\sigma_1 - \sigma_2}{2} = 100\ \mathrm{kg/cm^2}$ an, ein Wert, der nicht wesentlich überschritten werden darf, wenn man Bruchgefahr sicher vermeiden will. Die optische

Konstante beträgt je nach Glassorte 2,0 bis $3{,}6 \cdot 10^{-7}$ cm²/kg[1]). Wir wollen für diese überschlägige Rechnung den Mittelwert $C = 2{,}8 \cdot 10^{-7}$ cm²/kg annehmen. Nimmt man ferner für die Dicke des Modelles $D = 1$ cm und eine mittlere Wellenlänge $\lambda = 0{,}5 \cdot 10^{-4}$ cm für das verwendete Licht an, so errechnet sich die linke Seite von Gl. (8a) zu

$$\frac{C\,D}{\lambda} \cdot \frac{\sigma_1 - \sigma_2}{2} = \frac{2{,}8 \cdot 10^{-7} \cdot 1}{0{,}5 \cdot 10^{-4}} \cdot 100 = 0{,}56 = 0{,}18\,\pi.$$

d. h. Gl. (8) ist für ganzzahliges n bei Verwendung von Glas als Material für den Modellkörper nicht erfüllbar. Es können also keine Isochromaten auftreten. Anders liegen die Verhältnisse bei optisch aktiveren Stoffen. Nimmt man etwa Bakelit mit einer 40mal so großen optischen Konstante als das obige Flintglas, so bekommt man für die linke Seite von Gl. (8a) unter sonst gleichen Umständen einen 40mal so großen Betrag, also $40 \cdot 0{,}18 \cdot \pi = 7{,}2\,\pi$, so daß nach Gl. (8) sieben verschiedene Isochromaten auftreten.

Bei Verwendung von monochromatischem Licht treten demnach Scharen von abwechselnd dunklen und hellen Linien auf, von denen die ersteren Gl. (8) und die letzteren Gl. (9) genügen. Um ein gleichzeitiges Auftreten von Isoklinen zu vermeiden, werden letztere mit Hilfe der Glimmerplättchen für ¼ Wellenlänge des benutzten Lichtes ausgelöscht (»circular polarisiertes Licht«, vgl. I, 3; die dort erwähnten »singulären Linien« gehören dem System der Isochromaten an und entsprechen in Gl. (8) dem Wert $n = 0$). So entspricht Abb. 80 einem auf Biegung beanspruchten Flachstab aus Trolon. Längs einer Isochromate ist gemäß den letzten Gleichungen im Zusammenhalt mit Gl. (4) $\sigma_1 - \sigma_2 = \text{const}$. Die verschiedenen dunklen Linien der Abbildung entsprechen den verschiedenen ganzzahligen Werten von n in Gl. (8). Der Übergang von einer zur nächst benachbarten entspricht dem Anwachsen von n um die Einheit und damit einem ganz bestimmten Sprung in $\dfrac{\sigma_1 - \sigma_2}{2}$. Indem man beim Belasten die

---

[1]) Siehe Zusammenstellung von optischen Konstanten verschiedener Materialien bei M. Wächtler, »Anwendung der akzidentellen Doppelbrechung zum Studium der Spannungsverteilung in beanspruchten Körpern«, Phys. Zeitschr. 1928 (29), S. 497.

Anzahl der Isochromaten zählt, die einen Punkt überstreichen, und damit die »Ordnung« n der bei der Endbelastung durch diesen Punkt gehenden Isochromate erhält, kann man die dort herrschende Spannungsdifferenz $\sigma_1 - \sigma_2$ angeben.

Dabei ist es zweckmäßig, eine Eichung der Isochromaten in der Weise vorzunehmen, daß man einen Flachstab aus dem Material des Modellkörpers von gleicher Dicke wie das Modell herstellt und ihn einer gleichmäßigen Zugbelastung bekannter Größe aussetzt. Bei einem derartigen verhältnismäßig nachgiebigen Material gelingt es viel leichter als bei einem Glasstab, über den ganzen Stab hin gleichmäßig verteilte Zugspannungen zu erhalten. Man neigt dann zweckmäßig die Achse des Zugstabes unter 45⁰ gegen die Achse der Nikolschen Prismen, so daß $\sin 2\varphi$ in Gl. (7) zu 1 wird, damit bei steigender Last abwechselnde Verdunkelung und Erhellung des mittleren Stabteiles möglichst deutlich in Erscheinung tritt. Bei fehlender Last verschluckt das zweite Nikol alles ankommende Licht, so daß dahinter Verdunkelung eintritt. Mit Aufbringen der Last tritt allmähliches Aufhellen ein, das bei einer bestimmten Zuglast ein Maximum an Intensität annimmt, um bei Verdoppelung dieses Wertes der Zuglast wieder ganz zu verschwinden usw. Der Sprung der maximalen Schubspannung im Zugstab, der dem Übergang von einer Verdunkelung zur nächstfolgenden entspricht, ist alsdann gleichzusetzen dem Sprung von $\frac{\sigma_1 - \sigma_2}{2}$ im Modellkörper beim Übergang von einer Isochromate zur nächsten. Die selbstverständliche Voraussetzung für diese Art der Eichung ist, daß der Zugstab ebenso wie der Modellkörper bei fehlender Last vollkommen spannungsfrei ist. Man erreicht dies wenigstens angenähert bei Zelluloid, Bakelit und Phenolit durch bestimmte Vorbehandlung, worauf hier nicht eingegangen werden kann. Dieses Verfahren, das demnach einen Ersatz für die in I, 5 behandelte Messung der maximalen Schubspannung mit Hilfe der Kompensation darstellt, spielt also nur bei Verwendung der optisch sehr aktiven Materialien eine Rolle.

II. Die vollständigen Auswertungsverfahren.

7. Die Auswertungsverfahren von Coker-Filon.

In den vorhergehenden Paragraphen sind die Grundlagen für die optische Spannungsuntersuchung gegeben worden. Sie vermitteln uns, wie wir in I, 3 gesehen haben, das Netz der Isoklinen und damit das der Hauptspannungstrajektorien. Dazu kommt an jeder Stelle des Spannungszustandes der Wert der maximalen Schubspannung $\dfrac{\sigma_1 - \sigma_2}{2}$, der mit Hilfe der Kompensation gewonnen wird, wie wir in I, 5 auseinandergesetzt haben. Um den Spannungszustand in allen Einzelheiten zu kennen, genügt dies aber noch nicht. Erst wenn man die Hauptspannungen σ_1 und σ_2 einzeln kennt, ist im Zusammenhang mit dem Netz der Hauptspannungslinien der Spannungszustand vollständig bekannt.

Würde man neben der Differenz der beiden Hauptspannungen an jeder Stelle noch eine zweite Beziehung zwischen diesen beiden Spannungen aufstellen können, so ließen sich die Hauptspannungen berechnen. Theoretisch ist dies dadurch möglich, daß man die infolge der Spannungen eintretende Dickenänderung ΔD an jeder Stelle mißt. Sie beträgt nämlich, wie aus dem Hookeschen Gesetz hervorgeht,

$$\Delta D = D \frac{\sigma_1 + \sigma_2}{m\,E},$$

worin E den Elastizitätsmodul und m die Poissonsche Konstante bedeutet. Die Dickenänderung ist also proportional der Spannungssumme $\sigma_1 + \sigma_2$. Gelingt es, die Dickenänderung zu messen, so hat man damit an jeder Stelle des Spannungszustandes die zweite notwendige Beziehung zwischen den beiden Hauptspannungen in Form der Spannungssumme. Aus der Differenz und der Summe ergeben sich alsdann σ_1 und σ_2 einzeln.

Mesnager[1]) hat auf diese Möglichkeit zuerst hingewiesen und Coker[2]) hat sie experimentell verwirklicht. Allerdings ist die Durchführung dieser Messung sehr umständlich
und schwierig. Wie aus der letzten Gleichung hervorgeht, muß
dabei die Dickenänderung ΔD bis auf $\dfrac{1}{10\,000}$ der ursprünglichen
Dicke D genau gemessen werden, wozu eine sehr empfindliche
Apparatur erforderlich ist. Aus diesem Grunde ist man von
diesem Verfahren wieder abgekommen.

Ein zweites rein experimentelles Verfahren, um die Spannungssumme $\sigma_1 + \sigma_2$ an jeder Stelle zu finden, wird in II, 10

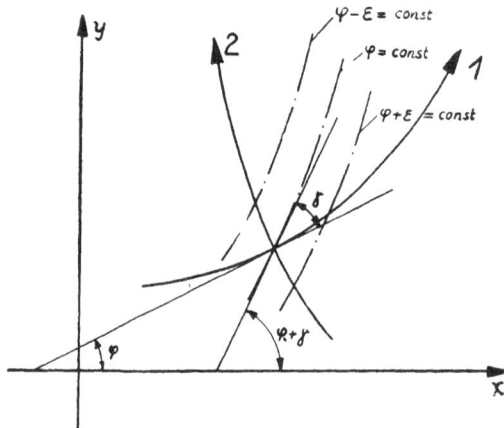

Abb. 10. Zusammenhang zwischen Isoklinen und Hauptspannungslinien.

behandelt werden. In II 8 und 9 werden wir dann ausführlich auf
ein neues, rein zeichnerisches Verfahren eingehen, das Neuber-
sche Verfahren, das sich als sehr genau und vorteilhaft erwiesen
hat. Hier soll aber zunächst das von Filon und Coker angegebene
rechnerische Verfahren erörtert werden, das bisher die weiteste
Verbreitung gefunden hatte. Es benützt die aus dem Versuch
erhaltenen Netze der Isoklinen und Hauptspannungen sowie die
Werte von $\sigma_1 - \sigma_2$ und bestimmt daraus auf rein rechnerischem Wege die einzelnen Werte σ_1 und σ_2.

---

[1]) A. Mesnager, Ann. des Ponts et Chaussées, 1901.
[2]) Coker und Filon, A treatise on photoelasticity, Cam-
bridge 1931.

Um dieses Auswertungsverfahren zu erläutern, gehen wir von einem Punkt des ebenen Spannungszustandes aus, durch den die beiden Hauptspannungslinien *1* und *2* sowie die zugehörige Isokline hindurchläuft (s. Abb. 10). Die Tangente an die erste Hauptspannungslinie schließt mit der x-Achse den Winkel φ ein, während der Winkel der Tangente an die Isokline im betreffenden Punkt mit $\varphi + \gamma$ bezeichnet werden soll. Ebenso wie in Abb. 2 von I, 2 seien die Krümmungsradien der Hauptspannungslinien mit ϱ_1 bzw. ϱ_2 bezeichnet und die zugehörigen Linienelemente mit ds_1 bzw. ds_2. Wird das Linienelement längs der Isokline mit dt bezeichnet, so ist jede Isokline offenbar durch die Gleichung

$$\varphi = \text{const} \quad \text{oder} \quad \frac{d\varphi}{dt} = 0 \quad \ldots \ldots (1)$$

charakterisiert. Statt dessen kann man auch schreiben

$$\frac{\partial\varphi}{\partial s_1} \cdot \frac{ds_1}{dt} + \frac{\partial\varphi}{\partial s_2} \cdot \frac{ds_2}{dt} = 0$$

oder unter Benützung der Gl. (5) von I, 2

$$\frac{1}{\varrho_1} \cos\gamma - \frac{1}{\varrho_2} \sin\gamma = 0 \quad \ldots \ldots (2)$$

oder

$$\text{tg}\, \gamma = \frac{\varrho_2}{\varrho_1}.$$

Diese Beziehung, die an jeder Stelle des Spannungszustandes zwischen den Krümmungsradien der beiden Hauptspannungslinien und dem Winkel γ, den die Isokline mit der Hauptspannungslinie *1* einschließt, gelten muß, leistet häufig wertvolle Dienste, da unter Umständen die Krümmungsradien schwer mit der erforderlichen Genauigkeit aus der Zeichnung zu entnehmen sind.

Wir ersehen aus der letzten Gleichung, daß im Falle $\gamma = 45^0$, d. h. wenn die Isokline den rechten Winkel der beiden Hauptspannungslinien an der betreffenden Stelle halbiert, $\varrho_1 = \varrho_2$ wird. Ferner folgt aus $\gamma = 0$, d. h. wenn die Isokline die Hauptspannungslinie *1* an einer Stelle berührt, daß alsdann hier der Krümmungsradius ϱ_1 unendlich groß wird, die Hauptspannungslinie *1* also einen Wendepunkt besitzt. Wir werden diesen Sonderfall weiter unten benützen.

Weiter verwenden wir die Gleichgewichtsgleichungen fürs Element nach Gl. (6) von I, 2. Wir wollen sie hier aber nicht als Differentialgleichungen, sondern als Differenzengleichungen schreiben:

$$\left.\begin{aligned} \Delta\sigma_1 &= (\sigma_1 - \sigma_2)\frac{\Delta s_1}{\varrho_2}, \\ \Delta\sigma_2 &= -(\sigma_1 - \sigma_2)\frac{\Delta s_2}{\varrho_1}. \end{aligned}\right\} \quad \ldots \ldots \quad (3)$$

Für $\dfrac{\Delta s_1}{\varrho_2}$ kann man nach Gl. (2) auch schreiben

$$\frac{\Delta s_1}{\varrho_2} = \frac{\Delta s_1}{\varrho_1}\cot\gamma$$

oder wegen Gl. (5) von I, 2:

$$\frac{\Delta s_1}{\varrho_2} = \Delta\varphi\cot\gamma, \quad \ldots \ldots \ldots \quad (4)$$

wobei $\Delta\varphi$ die Änderung des Neigungswinkels φ der Tangente an die Hauptspannungslinie *1* beim Fortschreiten auf ihr um Δs_1 bedeutet. Wie in I, 3 auseinandergesetzt worden ist, erhält man bei der Aufnahme ein Netz von Isoklinen, das man beliebig dicht machen kann. In der Regel zeichnet man die Isoklinen $\varphi = $ const für Werte der Konstante, die stets um denselben Betrag ε, z. B. $\varepsilon = 5^0$, weiter anwachsen. Wählt man dementsprechend das Linienelement Δs_1 von einer Isokline bis zu dem Punkt der Hauptspannungslinie *1*, wo die nächste Isokline $(\varphi + \varepsilon)$ schneidet, so läßt sich statt Gl. (4) auch schreiben

$$\frac{\Delta s_1}{\varrho_2} = \varepsilon\cot\gamma. \quad \ldots \ldots \ldots \quad (5)$$

Entsprechendes gilt für den Ausdruck $\dfrac{\Delta s_2}{\varrho_1}$, der in der zweiten Gl. (3) auftritt:

$$\frac{\Delta s_2}{\varrho_1} = \frac{\Delta s_2}{\varrho_2}\operatorname{tg}\gamma = -\Delta\varphi\operatorname{tg}\gamma = \varepsilon\operatorname{tg}\gamma, \quad \ldots \quad (6)$$

wobei vorausgesetzt ist, daß beim Fortschreiten längs der zweiten Hauptspannungslinie um $+\Delta s_2$ gemäß Abb. 10 sich φ um $\Delta\varphi = -\varepsilon$ ändert. Damit lassen sich die Gl. (3) folgendermaßen schreiben [1]):

---

[1]) Bei entgegengesetzter Krümmung als hier vorausgesetzt, ändert sich das Vorzeichen von $\Delta\varphi$, d. h. die rechten Seiten der Gl. (7) haben entgegengesetztes Vorzeichen.

$$\left.\begin{array}{l} \varDelta\,\sigma_1 = \quad (\sigma_1 - \sigma_2)\,\varepsilon\cot\gamma, \\ \varDelta\,\sigma_2 = -\,(\sigma_1 - \sigma_2)\,\varepsilon\operatorname{tg}\gamma. \end{array}\right\} \quad\cdots\quad (7)$$

Da die rechten Seiten dieser Gleichungen an jeder Stelle bekannt sind, können wir demnach die Zuwüchse $\varDelta\sigma_1$ und $\varDelta\sigma_2$ der beiden Hauptspannungen σ_1 und σ_2 längs der Hauptspannungslinien ermitteln. Es ist zu diesem Zweck nur notwendig, von einem Punkt der Hauptspannungslinie auszugehen, an dem die betreffende Hauptspannung bekannt ist, wie z. B. an einem lastfreien Rand, wo die Hauptspannung für die dort senkrecht einmündende Hauptspannungslinie den Wert Null hat. Geht man von diesem Punkte aus, wobei man jedesmal Gl. (7) anwendet, so erhält man die Einzelspannungen σ_1 und σ_2 längs dieser Linie. Indem man dies für eine Reihe von Hauptspannungslinien durchführt, ergeben sich alsdann auch wertvolle Kontrollen.

Da es nicht der Zweck des vorliegenden Buches sein soll, alle Einzelheiten wiederzugeben, so muß bezüglich der praktischen Durchführung des oben gekennzeichneten Auswertungsverfahrens nach Filon auf Einzeluntersuchungen hingewiesen werden. Hierfür ist die schon erwähnte Münchener Dissertation von H. Cardinal v. Widdern »Polarisationsoptische Spannungsmessungen an Stabecken« besonders zu empfehlen, die in anschaulicher Weise die praktische Durchführung einer Aufgabe behandelt.

Als wichtiger Sonderfall soll hier noch der Fall des lastfreien Randes behandelt werden. Bei fast allen praktischen Aufgaben gibt es mehr oder weniger große Begrenzungsstücke des Körpers, auf denen keine äußere Belastung angreift. Diese bezeichnen wir als lastfreie Ränder. Der lastfreie Rand stellt immer eine Hauptspannungslinie dar. Wir wollen sie als zur Schar *1* gehörig rechnen; dann steht die Schar *2* überall senkrecht zum lastfreien Rand. Längs des lastfreien Randes ist $\sigma_2 = 0$, so daß für ihn aus den Gl. (6) von § 2 folgt

$$\frac{\partial\,\sigma_1}{\partial\,s_1} = \frac{\sigma_1}{\varrho_2} \quad\cdots\cdots\cdots (7\,\mathrm{a})$$

und daraus durch Integration längs des lastfreien Randes

$$\log\sigma_1 = \int\frac{d\,s_1}{\varrho_2}.$$

Kennt man an irgendeiner Stelle O des lastfreien Randes die Größe von $\sigma_1 = \sigma_0$ oder nimmt man die dortige Spannung zu σ_0 an und erstreckt das Integral von dieser Stelle aus längs des lastfreien Randes, so erhält man aus der letzten Gleichung:

$$\sigma_1 = \sigma_0 \cdot e^{\int_{s_0}^{s_1} \frac{d s_1}{\varrho_2}} \qquad \ldots \ldots \ldots \quad (8\,\text{a})$$

oder wegen Gl. (4)

$$\sigma_1 = \sigma_0 \cdot e^{\int_0^{\varphi_1} \cot \gamma \, d\varphi} \qquad , \ldots \ldots \quad (8\,\text{b})$$

wobei φ_1 die Neigung der Tangente an den lastfreien Rand in einem beliebigen Punkt dieses Randes gegenüber der Tangente im Ausgangspunkt 0 bedeutet.

Aus Gl. (8) folgt, daß die Spannung σ_1 am lastfreien Rand überall dort extreme Werte annimmt, wo $\varrho_2 = \infty$ ist. Wie wir oben im Anschluß an Gl. (2) gesehen haben, findet an einer Stelle, wo der Krümmungsradius einer Hauptspannungslinie ∞ groß wird, Berührung zwischen dieser und der durch den betreffenden Punkt gehenden Isokline statt. Demnach stehen die Isoklinen an denjenigen Stellen eines lastfreien Randes senkrecht zu diesem, wo die Randspannung σ_1 ein Maximum oder Minimum ihres Wertes annimmt. Diese Stellen haben praktisch selbstverständlich Bedeutung. Es ist bemerkenswert, daß man diese Stellen an einem lastfreien Rand schon aus dem Isoklinenfeld entnehmen kann. So z. B. sieht man aus Abb. 6, daß am inneren lastfreien Rand des auf reine Biegung beanspruchten Winkels außer der in die Symmetrieachse fallenden Isokline noch zwei weitere Isoklinen senkrecht auf den inneren Rand einmünden. Wie die genaue Auswertung[1]) gezeigt hat, tritt an diesen Stellen beiderseits der Symmetrielinie die maximale Spannung auf, während im Symmetriepunkt des lastfreien Randes die Spannung örtlich einen Minimalwert aufweist.

8. Die theoretischen Grundlagen des Neuberschen Verfahrens.

Während beim Coker-Filonschen Verfahren (s. II, 7) eine Integration längs jeder einzigen Hauptspannungslinie nötig ist,

---

[1]) Siehe Diss. Cardinal v. Widdern.

wird beim Neuberschen Verfahren, auf das wir jetzt näher eingehen wollen, die eigentliche Integration vollständig vermieden. Es wird nämlich die Konstruktion eines neuen Liniensystems, und zwar der Linien konstanter Spannungssumme, als Ersatz der Integration für die Ermittlung der Spannungen benutzt. Mit der Kenntnis dieser Linien ist zugleich die Spannungssumme selbst an jeder Stelle bekannt und damit der ganze Spannungszustand, da die Hauptspannungsdifferenz (Hauptschubspannung) und die Hauptspannungsrichtung durch den spannungsoptischen Versuch unmittelbar bekannt sind.

Gleichzeitig wird die Anwendung der Verträglichkeitsbedingung, die bei den bisherigen zeichnerischen Verfahren unbenutzt geblieben war, auf die Konstruktion dieser Linien möglich. Hierdurch sowie durch besondere, für den lastfreien Rand geltende Beziehungen, ferner durch die besonderen Eigenschaften der neuen Linien, ergeben sich verschiedene Kontrollen, so daß dieses Verfahren gegenüber den bisherigen nicht nur den Vorteil der größeren Schnelligkeit, sondern auch den der größeren Genauigkeit hat.

Zur Ableitung der für das neue Verfahren maßgebenden Gleichungen benötigen wir zunächst allgemeine Koordinatenbeziehungen für die vier orthogonalen Netze.

a) Allgemeine Koordinatenbeziehungen für die vier orthogonalen Netze.

Das erste orthogonale Netz sind die Hauptspannungslinien (1 und 2), deren Tangenten uns in allen Punkten die Richtungen der beiden Hauptspannungen σ_1 und σ_2 liefern (s. Abb. 11). Wie bereits in II, 7 erwähnt, bildet die Tangente an die Linien 1 mit der x-Achse des festen Koordinatensystems x, y den Winkel φ. Wie alle übrigen noch vorkommenden

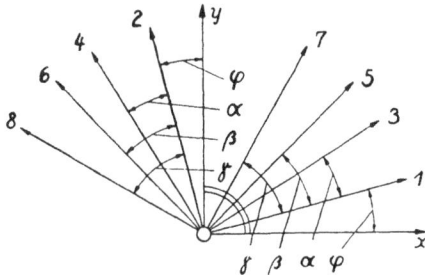

Abb. 11. Bezeichnungen für die Tangentenrichtungen und -winkel bei den vier orthogonalen Netzen.

Winkel nimmt φ bei Drehung entgegen dem Uhrzeigersinn zu.

Das zweite orthogonale Netz sind die Linien konstanter Spannungssumme, welche wir kurz als Linien *3*
bezeichnen wollen, und ihre orthogonale Linienschar, die
Linien *4*. (Längs der Linien *4* ist die elastische Verdrehung
konstant, wie wir in Abs. e noch zeigen werden.) Entsprechend
Abb. 11 ist α der Winkel zwischen den Richtungen *3* und *1*
(oder *4* und *2*). Da sich die Spannungssumme $p = \sigma_1 + \sigma_2$
beim Fortschreiten längs einer Linie *3* nicht ändert, gilt die
Beziehung

$$\frac{\partial p}{\partial s_3} = 0. \qquad \ldots \ldots \ldots \quad (1)$$

Die allgemeinen Beziehungen

$$\left. \begin{array}{l} \dfrac{\partial p}{\partial s_1} = \dfrac{\partial p}{\partial s_3}\dfrac{\partial s_3}{\partial s_1} + \dfrac{\partial p}{\partial s_4}\dfrac{\partial s_4}{\partial s_1}, \\[2ex] \dfrac{\partial p}{\partial s_2} = \dfrac{\partial p}{\partial s_3}\dfrac{\partial s_3}{\partial s_2} + \dfrac{\partial p}{\partial s_4}\dfrac{\partial s_4}{\partial s_2}. \end{array} \right\} \quad \ldots (2)$$

gehen dann über in

$$\left. \begin{array}{l} \dfrac{\partial p}{\partial s_1} = \dfrac{\partial p}{\partial s_4}\dfrac{\partial s_4}{\partial s_1}, \\[2ex] \dfrac{\partial p}{\partial s_2} = \dfrac{\partial p}{\partial s_4}\dfrac{\partial s_4}{\partial s_2}. \end{array} \right\} \quad \ldots (3)$$

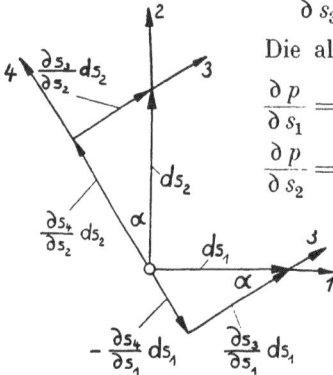

Abb. 12. Die Komponenten der Linienelemente der Hauptspannungs- linien in den Richtungen *3* und *4*.

Entsprechend Abb. 12 kön-
nen wir noch setzen:

$$\sin \alpha = \frac{-\dfrac{\partial s_4}{\partial s_1}\,d s_1}{d s_1} = -\frac{\partial s_4}{\partial s_1}, \quad \cos \alpha = \frac{\dfrac{\partial s_4}{\partial s_2}\cdot d s_2}{d s_2} = \frac{\partial s_4}{\partial s_2}, \quad (4)$$

und erhalten

$$\frac{\partial p}{\partial s_1} = -\sin \alpha \frac{\partial p}{\partial s_4}, \quad \frac{\partial p}{\partial s_2} = \cos \alpha \frac{\partial p}{\partial s_4}. \quad \ldots (5)$$

$\dfrac{\partial p}{\partial s_4}$ stellt demnach die stärkste Änderung von p oder den
»p-Gradienten« dar. Wir wollen ihn stets als positiv
zugrunde legen, indem wir die positive Richtung *4* als die
Richtung der Zunahme des p-Wertes festlegen. Wie wir
später in II. 9 zeigen, werden zweckmäßig nur diejenigen

p-Linien gezeichnet, längs denen der p-Wert ein ganzes Vielfaches einer Einheitsspannung σ_0 ist, d. h.

$$p = \ldots 3\,\sigma_0,\ 2\,\sigma_0,\ \sigma_0,\ 0,\ -\sigma_0,\ -2\,\sigma_0,\ -3\,\sigma_0 \ldots \qquad (6)$$

Setzt man noch $\sigma_0 = 1$, so sind lediglich die ganzen Zahlen bei den p-Linien anzugeben. σ_0 ist dann der »Spannungsmaßstab«, der am Kopf der Zeichnung anzugeben ist (vgl. z. B. Abb. 25). Gehen wir längs einer Linie 4 von einer p-Linie zur nächsten, so nimmt der p-Wert um σ_0 zu. Ist a der dabei zurückgelegte Weg, also der Abstand zweier aufeinanderfolgen-

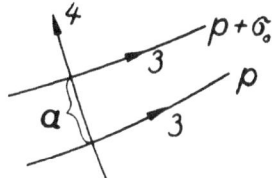

Abb. 13. Der Abstand der
p-Linien.

der p-Linien (vgl. Abb. 13), so können wir näherungsweise den Gradienten

$$\frac{\partial p}{\partial s_4} = \frac{\sigma_0}{a} \qquad\qquad\qquad (7)$$

setzen. Der dabei begangene Fehler ist dann um so kleiner, je kleiner wir σ_0 gewählt haben. Auf Grund dieser Beziehung gehen die Gl. (5) über in

$$\frac{\partial p}{\partial s_1} = -\frac{\sigma_0}{a}\sin\alpha, \quad \frac{\partial p}{\partial s_2} = \frac{\sigma_0}{a}\cos\alpha. \qquad (8)$$

Entsprechende Beziehungen finden wir für die **Linien gleicher Hauptspannungsdifferenz** (auch Linien gleicher Hauptschubspannung oder »Isochromaten« genannt, vgl. I, 6), welche wir als Linien 5 kennzeichnen wollen. Sie bilden mit ihrer orthogonalen Schar 6 das dritte Netz (s. Abb. 11). Da die Hauptspannungsdifferenz $q = \sigma_1 - \sigma_2$ sich beim Fortschreiten längs der Linien 5 nicht ändert, gilt

$$\frac{\partial q}{\partial s_5} = 0. \qquad\qquad\qquad (9)$$

Die stärkste Änderung von q oder den »q-Gradienten« gibt demnach der Differentialquotient $\dfrac{\partial q}{\partial s_6}$ an, den wir immer als positiv ansehen wollen. Die positive Richtung 6 ist dann als Richtung der Zunahme von q definiert. (Die positive Richtung 5 erhalten wir von Richtung 6 aus durch Drehung im Uhrzeigersinn.)

Wie bei den p-Linien kommen nur jene q-Linien in Betracht, für die der q-Wert ein ganzes Vielfaches unserer Einheitsspannung σ_0 ist. (Bei dem in I, 6 beschriebenen Verfahren der Schwarz-Weiß-Linien ergeben sich die Isochromaten unmittelbar mit gleichem Intervall σ_0!) Als Radius des Mohrschen Spannungskreises ist $q = \pm \sqrt{(\sigma_y - \sigma_x)^2 + 4\,\tau^2}$, also entweder nur positiv oder nur negativ. Wir entscheiden uns für das positive Vorzeichen. Der Abstand zwischen zwei benachbarten q-Linien sei b. Ferner sei β der Winkel zwischen den Richtungen 5 und 1 (bzw. 6 und 2) (s. Abb. 11). Wir erhalten auf Grund derselben Betrachtungen wie bei den p-Linien:

$$\frac{\partial q}{\partial s_1} = - \frac{\sigma_0}{b} \sin \beta, \quad \frac{\partial q}{\partial s_2} = \frac{\sigma_0}{b} \cos \beta. \quad \ldots \ldots (10)$$

Endlich können dieselben Gedankengänge auf die Isoklinen, längs denen der Winkel φ konstant ist, angewendet werden. Wir kennzeichnen sie als Linien 7. Sie bilden mit den Linien 8 das vierte orthogonale Netz. Definitionsgemäß wird

$$\frac{\partial \varphi}{\partial s_7} = 0. \quad \ldots \ldots \ldots \ldots (11)$$

Wir nehmen wieder den Gradienten $\dfrac{\partial \varphi}{\partial s_8}$ positiv an, so daß φ in Richtung 8 zunimmt. Der Winkel zwischen den Richtungen 7 und 1 (bzw. 8 und 2) sei γ (s. Abb. 11). Es kommen praktisch nur jene Isoklinen in Betracht, längs denen φ ein ganzes Vielfaches eines Bezugswinkels ε beträgt (s. II, 7). Der Abstand zwischen zwei Isoklinen sei c. Dann erhalten wir wie bisher:

$$\frac{\partial \varphi}{\partial s_1} = - \frac{\varepsilon}{c} \sin \gamma, \quad \frac{\partial \varphi}{\partial s_2} = \frac{\varepsilon}{c} \cos \gamma. \quad \ldots \ldots (12)$$

Im allgemeinen genügt bei der Ermittlung der Isoklinen, wie früher erwähnt, ein ε von 5^0 bzw. im Bogenmaß $\varepsilon = 0{,}08727$.

b) Folgerungen aus den Gleichgewichtsbedingungen.

Eine weitere Gruppe von charakteristischen Gleichungen ergeben sich auf Grund der Gleichgewichtsbedingungen. Entsprechend I, 2 Gl. (5) und (6) ist

$$\frac{\partial \sigma_1}{\partial s_1} + (\sigma_1 - \sigma_2) \frac{\partial \varphi}{\partial s_2} = 0, \quad \frac{\partial \sigma_2}{\partial s_2} + (\sigma_1 - \sigma_2) \frac{\partial \varphi}{\partial s_1} = 0. \quad (13)$$

Diese Gleichungen gehen mit Hilfe der Beziehungen von I, 2
Gl. (1)

$$\sigma_1 = \frac{p+q}{2}, \quad \sigma_2 = \frac{p-q}{2} \quad \ldots \ldots \ldots (14)$$

über in:

$$\frac{\partial p}{\partial s_1} + \frac{\partial q}{\partial s_1} + 2q \frac{\partial \varphi}{\partial s_2} = 0, \quad \frac{\partial p}{\partial s_2} - \frac{\partial q}{\partial s_2} + 2q \frac{\partial \varphi}{\partial s_1} = 0. \quad (15)$$

Mit Hilfe der Beziehungen (8), (10) und (12) erhalten wir
hieraus

$$\left.\begin{array}{l} -\dfrac{\sigma_0}{a} \sin \alpha - \dfrac{\sigma_0}{b} \sin \beta + 2q \dfrac{\varepsilon}{c} \cos \gamma = 0, \\[2mm] \dfrac{\sigma_0}{a} \cos \alpha - \dfrac{\sigma_0}{b} \cos \beta - 2q \dfrac{\varepsilon}{c} \sin \gamma = 0. \end{array}\right\} \quad \ldots (16)$$

Oder nach Multiplikation mit $\dfrac{b \cdot c}{\sigma_0}$

$$\left.\begin{array}{l} -\dfrac{bc}{a} \sin \alpha - c \sin \beta + 2 \dfrac{q}{\sigma_0} \varepsilon b \cos \gamma = 0, \\[2mm] +\dfrac{bc}{a} \cos \alpha - c \cos \beta - 2 \dfrac{q}{\sigma_0} \varepsilon b \sin \gamma = 0. \end{array}\right\} \quad \ldots (17)$$

Wir wollen zur Abkürzung setzen

$$\frac{bc}{a} = a', \quad \ldots \ldots \ldots \ldots (18)$$

$$2 \frac{q}{\sigma_0} \varepsilon \cdot b = b'. \quad \ldots \ldots \ldots (19)$$

Da a, b, c und q **positive Größen sind, sind auch**
a' und b' **immer positiv.** Wir können nun unser Gleichungspaar in der Form

$$a' \sin \alpha = b' \cos \gamma - c \sin \beta, \quad \ldots \ldots (20)$$
$$a' \cos \alpha = b' \sin \gamma + c \cos \beta \quad \ldots \ldots (21)$$

schreiben. Auf der rechten Seite befinden sich nur noch
Größen, die von den Isoklinen und Isochromaten her bekannt
sind. Wir haben mithin zwei Gleichungen für die beiden
Unbekannten a' und α gewonnen.

Indem wir zunächst beide Gleichungen durcheinander
dividieren, erhalten wir als Bestimmungsgleichung für α:

$$\operatorname{tg} \alpha = \frac{b' \cos \gamma - c \sin \beta}{b' \sin \gamma + c \cos \beta}. \quad \ldots \ldots (22)$$

Indem wir andererseits beide Gleichungen quadrieren und addieren, ergibt sich eine Gleichung für a' und damit für a:

$$a'^2 = b'^2 + c^2 - 2 b' c \cos(\gamma + 90^0 - \beta). \quad \ldots (23)$$

Diese beiden Gleichungen lassen sich zeichnerisch in einfacher Weise befriedigen, wie bei der Beschreibung des zeichnerischen Verfahrens näher gezeigt werden wird. Es lassen sich an diesen Gleichungen noch einige interessante Eigenschaften der p-Linien erklären.

Ist der verzerrte Isochromatenabstand b' sehr groß gegenüber dem Isoklinenabstand c, so erhalten wir

$$\operatorname{tg} \alpha = \cot \gamma. \quad a' = b',$$

d. h.

$$\alpha = \pm 90^0 - \gamma, \quad a = \frac{c}{2 \frac{q}{\sigma_0} \varepsilon} \cdot \quad \ldots \ldots (24)$$

Aus den Gl. (20) und (21) folgt, daß nur das positive Vorzeichen bei α in Betracht kommt.

Ist andererseits c sehr groß gegenüber b', so wird

$$\operatorname{tg} \alpha = - \operatorname{tg} \beta, \quad a' = c$$

oder

$$\alpha = - \beta, \qquad a = b. \quad \ldots \ldots (25)$$

d. h. die p-Linien und Isochromaten haben in diesem Falle den gleichen Abstand.

In Punkten, an denen sich Isokline und Isochromate senkrecht schneiden, wo also

$$\beta = \gamma \pm 90^0 \quad \ldots \ldots \ldots (26)$$

wird, ergibt sich

$$\operatorname{tg} \alpha = \frac{b' \mp c}{b' \mp c} \cot \gamma = \cot \gamma. \quad a'^2 = b'^2 \mp 2 b' c + c^2. \quad (27)$$

Mithin wird

$$\alpha = 90^0 - \gamma. \quad \begin{cases} a' = b' + c, \text{ wenn } \beta = \gamma - 90^0, \\ a' = b' - c, \text{ wenn } b' > c \text{ und } \beta = \gamma + 90^0 \end{cases} \Bigg\} (28)$$

oder

$$\alpha = - 90^0 - \gamma, \quad a' = c - b', \text{ wenn } c > b' \text{ und } \beta = \gamma + 90^0. \quad (29)$$

Ist aber $b' = c$ und zugleich $\beta = \gamma + 90^0$, so folgt:

$$\operatorname{tg} \alpha = \frac{0}{0}, \quad a' = 0, \quad a = \infty. \quad \ldots \ldots \quad (30)$$

Es handelt sich in diesem Falle um einen singulären Punkt der p-Linien (s. Abs. f).

Wird schließlich zugleich $q = 0$ und $c = 0$, so ergibt sich $b' = 0$ und $a' = 0$. Es handelt sich in diesem Falle um einen singulären Punkt der Hauptspannungs-linien. Wir werden in III, 11 auf die besonderen Eigenschaften dieser Punkte noch näher eingehen. In der Regel streben die jetzt unbestimmten Ausdrücke für $\operatorname{tg}\alpha$ und a ganz bestimmten Grenzwerten zu, die aus dem Verhalten in der Umgebung eindeutig hervorgehen, so daß diese Punkte also nicht zugleich singuläre Punkte der p-Linien sind.

c) Der Rand.

Am Rand lassen sich weitere Aussagen über den Verlauf der p-Linien ableiten. Zu diesem Zweck betrachten wir ein längs der Hauptspannungsrichtungen *1* und *2* herausgeschnittenes Randelement, an welchem einerseits die Hauptspannungen σ_1 und σ_2, andererseits die normal zum Rand wirkende Spannung σ und die tangential zum Rand wirkende Schubspannung τ angreifen (vgl. Abb. 14). Der Winkel zwischen Randtangente und Richtung *1* sei ψ. Das Element befindet sich im Gleichgewicht, wenn

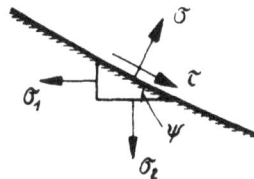

Abb. 14. Der Rand.

$$\left. \begin{array}{l} \sigma = \sigma_1 \sin^2 \psi + \sigma_2 \cos^2 \psi, \\ \tau = (\sigma_1 - \sigma_2) \sin \psi \cos \psi \end{array} \right\} \quad \ldots \ldots \quad (31)$$

oder mit

$$\sigma_1 = \frac{p+q}{2}, \quad \sigma_2 = \frac{p-q}{2} :$$

$$\sigma = \frac{p}{2} - \frac{q}{2} \cos 2\psi. \quad \ldots \ldots \ldots \quad (32)$$

$$\tau = \frac{q}{2} \sin 2\psi. \quad \ldots \ldots \ldots \ldots \quad (33)$$

Die normal zum Rand wirkende Belastungsspannung σ ist in der Regel bekannt. ψ ist nach Ermittlung der Hauptspannungsrichtung auch bekannt, ferner auch q, so daß Gl. (32) für die Ermittlung des p-Wertes am Rand herangezogen werden kann. Es wird

$$p = q \cos 2\,\psi + 2\,\sigma. \qquad \ldots \ldots \quad (34)$$

Auf diese Weise ist der p-Wert längs des ganzen Randes bekannt.

Am schubspannungsfreien Rand wird $\tau = 0$ und entsprechend Gl. (33) $\psi = 0$ oder 90^0. Der schubspannungsfreie Rand ist also zugleich Hauptspannungslinie. Gl. (34) geht in diesem Fall über in

$$p = \pm\, q + 2\,\sigma. \qquad \ldots \ldots \ldots \quad (35)$$

Weitere Vereinfachungen ergeben sich an Rändern, längs denen σ konstant ist oder ganz verschwindet.

d) Der Rand mit konstanter Normalbelastung und der lastfreie Rand.

Hier wird nicht nur

$$p = \pm\, q + \text{const}, \qquad \ldots \ldots \ldots \quad (36)$$

sondern wir dürfen diese Gleichung, die ja überall längs des Randes besteht, auch längs des Randes beliebig oft differenzieren. Hierbei müssen wir uns für eines der beiden Vorzeichen entscheiden. Wählen wir das $+$-Zeichen, so entspricht dies $\psi = 0$, d. h. der Rand hat Richtung 1. Nach einmaliger Differentiation erhalten wir dann

$$\frac{\partial\, p}{\partial\, s_1} = \frac{\partial\, q}{\partial\, s_1} \qquad \ldots \ldots \ldots \quad (37)$$

und damit entsprechend den Gl. (8) und (10)

$$-\,\frac{\sigma_0}{a} \sin \alpha = -\,\frac{\sigma_0}{b} \sin \beta \qquad \ldots \ldots \quad (38)$$

oder mit Gl. (18) nach Multiplikation mit $b \cdot c$

$$a' \sin \alpha = c \sin \beta. \qquad \ldots \ldots \ldots \quad (39)$$

Aus Gl. (20) ergibt sich hiermit

$$a' \sin \alpha = c \sin \beta = \frac{b'}{2} \cos \gamma. \qquad \ldots \ldots \quad (40)$$

Dividieren wir jedes der drei Glieder in Gl. (21) durch eines von diesen, so wird

$$\cot \alpha = \cot \beta + 2 \, \mathrm{tg} \, \gamma. \quad \ldots \ldots \quad (41)$$

Hat der Rand Richtung 2 ($\psi = 90^0$), so ergibt sich in derselben Weise

$$\mathrm{tg} \, \alpha = \mathrm{tg} \, \beta + 2 \cot \gamma. \quad \ldots \ldots \quad (42)$$

Diese Beziehungen sind für den Rand charakteristisch und lassen sich außerordentlich einfach zeichnerisch befriedigen, wie in II, 9 gezeigt wird.

Aus den Gl. (21), (40) und (41) gehen übrigens noch bemerkenswerte Eigenschaften der p-Linien hervor.

Handelt es sich um einen geradlinigen Rand, der als nicht gekrümmte Hauptspannungslinie zugleich Isokline sein muß, so wird $\gamma = 0$. Aus Gl. (41) folgt $\alpha = \beta$, d. h. Isochromate und p-Linie haben jetzt gleiche Richtung.

Mündet die Isokline in den Rand senkrecht ein (dies bedeutet ein Extremum der Randspannung, vgl. II,7), so wird $\gamma = 90^0$. Aus Gl. (40) folgt $\alpha = 0^0$ oder 180^0 und $\beta = 0^0$ oder 180^0, d. h. sowohl die Isochromate als auch die p-Linie verläuft in der näheren Umgebung dieser Stelle parallel zum Rand. Während im allgemeinen am Rand mit konstanter Normalbelastung die Abstände der p-Linien durch ihre Richtungen und ihre Ausgangspunkte festgelegt sind, ist es in diesem Sonderfall, bei welchem die p-Linie im Rand liegt, von Interesse, für den Abstand bis zur nächsten p-Linie eine besondere Beziehung zu suchen. Setzen wir die eben festgestellten Werte von α, β und γ in Gl. (21) ein, so ergibt sich

$$a' = b' + c \text{ oder } b' - c \text{ oder } c - b', \quad \ldots \quad (43)$$

eine Beziehung, die wir schon als charakteristisch für das Senkrechtschneiden der Isoklinen und Isochromaten kennenlernten.

Eine ähnliche Erscheinung tritt ferner immer dann ein, wenn $q = 0$ und damit $b' = 0$ ist; denn auch dann folgen aus Gl. (40) $\alpha = \beta = 0^0$, d. h. p-Linie und Isochromate fallen gemeinsam in den Rand. Beachten wir dies in Gl. (21), so folgt $a' = c$ und $a = b$, d. h. p-Linie und Isochromate fallen auch in der näheren Umgebung des Randes zusammen. Es muß hier genau genommen noch beachtet werden, daß diese Erscheinungen nur dann sicher eintreten, wenn a' und c nicht gleich Null sind.

Bei lastfreien, vorspringenden Ecken beispielsweise wird $a' = c = 0$, wie aus einfachen Überlegungen hervorgeht (vgl. Abb. 15). Ist der von den Randtangenten eingeschlossene Winkel kleiner als 180^0, so läßt sich immer durch eine Gerade die Ecke abschneiden.

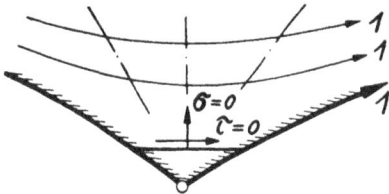

Abb. 15. Die lastfreie vorspringende Ecke.

Das Gleichgewicht der Ecke verlangt, daß die am Schnitt angreifenden Spannungen gleich Null sind. Da die Schnittgerade in einem in erster Annäherung beliebigen Abstand gelegt werden kann, sind alle Spannungen an der Ecke selbst und in ihrer näheren Umgebung gleich Null. Folglich wird in der Ecke nicht nur

$$p = q = 0, \quad \dots \dots \dots (44)$$

sondern auch

$$\frac{\partial p}{\partial s_4} = \frac{\partial q}{\partial s_6} = 0,$$

d. h.

$$a = b = \infty. \quad \dots \dots \dots (45)$$

Für b' erhalten wir entsprechend Gl. (19)

$$b' = 2 \frac{q}{\sigma_0} \varepsilon \, b = 2 \varepsilon \frac{q}{\dfrac{\sigma_0}{b}} = 2 \varepsilon \frac{q}{\dfrac{\partial q}{\partial s_6}} \cdot$$

Zur Bestimmung dieses unbestimmten Ausdruckes differenzieren wir Zähler und Nenner und erhalten

$$b' = 2 \varepsilon \frac{\dfrac{\partial q}{\partial s_6}}{\dfrac{\partial^2 q}{\partial s_6^{\,2}}} \cdot$$

Nun ist $\dfrac{\partial q}{\partial s_6}$ Null, aber $\dfrac{\partial^2 q}{\partial s_6^{\,2}}$ braucht nicht gleich Null zu sein; wenn doch, so können wir weiter differenzieren, wobei der Differentialquotient des Nenners immer höherer Ordnung als der des Zählers ist. Ist der Differentialquotient $(n-1)$ter Ordnung noch Null, dagegen der $n$ter Ordnung von Null verschieden, so folgt

$$b' = 2\,\varepsilon\,\frac{\dfrac{\partial^{(n-1)}q}{\partial s_6^{n-1}}}{\dfrac{\partial^{(n)}q}{\partial s_6^{n}}} = 0.$$

Aus (40) folgt dann $c = 0$, d. h. die Isoklinen münden in die Ecke ein. Zusammenfassend ergibt sich mithin: Eine vorspringende Ecke ist sowohl singulärer Punkt der Hauptspannungslinien (wegen $q = 0$) als auch der p-Linien (wegen $\dfrac{\partial p}{\partial s_4} = 0$, vgl. Abs. f.; da der Punkt hier nicht im Innern liegt, gilt die Regel bezüglich der Asymptotenwinkel in diesem Falle nicht). Die Isoklinen der näheren Umgebung der Ecke münden in die Ecke ein, woraus wiederum folgt, daß die Hauptspannungslinien sich dem Rand hyperbolisch anpassen. Die beiden Randtangenten sind zugleich Asymptoten der Hauptspannungslinien (vgl. Abb. 15 und auch Abb. 7).

e) Folgerungen aus der Verträglichkeitsbedingung.

Zur Ableitung der aus der geometrischen Möglichkeit der Formänderung sich ergebenden Beziehungen wollen wir auf die Gl. (4) von I, 1 zurückgreifen; diese können wir in der Form

$$E\,\frac{\partial \xi}{\partial x} = \sigma_x - \frac{1}{m}\,\sigma_y, \quad \ldots \ldots \quad (46)$$

$$E\,\frac{\partial \eta}{\partial y} = \sigma_y - \frac{1}{m}\,\sigma_x, \quad \ldots \ldots \quad (47)$$

$$\frac{E}{2}\left(\frac{\partial \xi}{\partial y} + \frac{\partial \eta}{\partial x}\right) = \left(1 + \frac{1}{m}\right)\tau \quad \ldots \ldots \quad (48)$$

schreiben. Wir führen die Spannungssumme

$$\sigma_x + \sigma_y = \sigma_1 + \sigma_2 = p$$

und die relative Verdrehung

$$\frac{K}{E} = \frac{1}{2}\left(\frac{\partial \eta}{\partial x} - \frac{\partial \xi}{\partial y}\right)$$

ein und können mithin setzen

$$\sigma_x = p - \sigma_y, \quad \frac{E}{2}\frac{\partial \eta}{\partial x} = K + \frac{E}{2}\frac{\partial \xi}{\partial y}. \quad \ldots (49)$$

Setzen wir diese Ausdrücke für σ_x und $\frac{E}{2}\frac{\partial \eta}{\partial x}$ in die Gl. (46) und (48) ein, so ergibt sich:

$$E\frac{\partial \xi}{\partial x} = p - \left(1 + \frac{1}{m}\right)\sigma_y, \quad \ldots \ldots (50)$$

$$E\frac{\partial \xi}{\partial y} = -K + \left(1 + \frac{1}{m}\right)\tau. \quad \ldots \ldots (51)$$

Um ξ zu eliminieren, können wir nun Gl. (50) nach y und Gl. (51) nach x differenzieren und beide voneinander subtrahieren. Wir erhalten

$$0 = \frac{\partial p}{\partial y} + \frac{\partial K}{\partial x} - \left(1 + \frac{1}{m}\right)\left(\frac{\partial \sigma_y}{\partial y} + \frac{\partial \tau}{\partial x}\right). \quad \ldots (52)$$

Der rechte Klammerausdruck muß verschwinden; denn

$$\frac{\partial \sigma_y}{\partial y} + \frac{\partial \tau}{\partial x} = 0$$

war die Bedingung des Gleichgewichts gegen Verschieben in der y-Richtung, wie in I, 1 gezeigt wurde.

Es wird mithin

$$\frac{\partial p}{\partial y} = -\frac{\partial K}{\partial x}. \quad \ldots \ldots \ldots (53)$$

In derselben Weise läßt sich die Elimination der Verschiebung η durchführen. Mit Hilfe der zweiten Gleichgewichtsbedingung ergibt sich

$$\frac{\partial p}{\partial x} = \frac{\partial K}{\partial y}. \quad \ldots \ldots \ldots \ldots (54)$$

Differenzieren wir noch Gl. (53) nach y und Gl. (54) nach x, so erhalten wir

$$\frac{\partial^2 p}{\partial x^2} + \frac{\partial^2 p}{\partial y^2} = \varDelta p = 0, \quad \ldots \ldots (55)$$

also die Verträglichkeitsbedingung, die wir schon in I, 1 kennenlernten. Die zu p konjugierte harmonische Funktion ist mithin K, d. h. bis auf den Faktor E die relative Verdrehung. Die Gl. (53) und (54) sind ein sogenanntes Cauchy-Riemannsches Gleichungspaar, welches immer zwischen konjugiert harmonischen Funktionen besteht und gegenüber einer Drehung des Koordinatensystems invariant ist. So erhält man z. B. auch im Koordinatensystem 3, 4

$$\frac{\partial p}{\partial s_3} = \frac{\partial K}{\partial s_4}, \quad \dots \dots \quad (56)$$

$$\frac{\partial p}{\partial s_4} = -\frac{\partial K}{\partial s_3}. \quad \dots \dots \quad (57)$$

Aus (56) folgt wegen $\frac{\partial p}{\partial s_3} = 0$ auch $\frac{\partial K}{\partial s_4} = 0$, d. h. K ist konstant längs der Linien 4. Wir denken uns nur jene K-Linien gezeichnet, längs denen der K-Wert ein ganzes Vielfaches unserer Spannungseinheit σ_0 ist $\left(\frac{K}{E}\right.$ ist als Verdrehungswinkel dimensionslos, K hat daher die Dimension $\left.\frac{\mathrm{kg}}{\mathrm{cm}^2}\right)$, derart, daß

$$K = \dots -3\sigma_0, \ -2\sigma_0, \ -\sigma_0, \ 0, \ \sigma_0, \ 2\sigma_0, \ 3\sigma_0, \ \dots \quad (58)$$

Bei genügend kleinem σ_0 können wir dann in erster Annäherung

$$-\frac{\partial K}{\partial s_3} = \frac{\sigma_0}{d}$$

setzen, wenn d der jeweilige Abstand der K-Linien ist. Berücksichtigen wir außerdem noch Gl. (7), so folgt aus Gl. (57) unmittelbar

$$a = d, \quad \dots \dots \dots \quad (59)$$

d. h. die p-Linien bilden mit ihren orthogonalen K-Linien bei genügend kleinem σ_0 ein quadratisches Netz. Diese Eigenschaft ermöglicht bei der Ermittlung der p-Linien wichtige Kontrollen.

f) Singuläre Punkte und Asymptoten des p-K-Netzes.

Auf Grund der Verträglichkeitsbedingung lassen sich auch die singulären Stellen des p-K-Netzes näher erfassen. Betrachten wir einen beliebigen Punkt im Innern der Scheibe, den wir als Ursprung des polaren Koordinatensystems r, φ wählen, so folgt aus der Eindeutigkeit des elastischen Zustandes (Ausführliches hierüber in III, 12) für p folgende Darstellung

$$p = a_0 + a_1 r \cos(\varphi - \varphi_1) + a_2 r^2 \cos 2(\varphi - \varphi_2) + \dots \quad (60)$$

Föppl, Spannungsoptik. 4

Als konjugierte Funktion genügt K den Bedingungen

$$\frac{\partial p}{\partial r} = \frac{1}{r} \frac{\partial K}{\partial \varphi}, \quad \frac{1}{r} \frac{\partial p}{\partial \varphi} = -\frac{\partial K}{\partial r} \quad \ldots \ldots (61)$$

und wird

$$K = b_0 + a_1 r \sin(\varphi - \varphi_1) + a_2 r^2 \sin 2(\varphi - \varphi_2) + \ldots \quad (62)$$

Als singuläre Punkte des p-K-Netzes wollen wir jene Punkte definieren, an denen der Winkel α unbestimmt, d. h. an denen der Ausdruck für $\operatorname{tg} \alpha$ die Form $\frac{0}{0}$ annimmt. Es war [Gl. (5) und (22)]

$$\operatorname{tg} \alpha = -\frac{\dfrac{\partial p}{\partial s_1}}{\dfrac{\partial p}{\partial s_2}} = \frac{b' \cos \gamma - c \sin \beta}{b' \sin \gamma + c \cos \beta} \cdot \ldots \ldots (63)$$

Am singulären Punkt wird mithin einerseits

$$\frac{\partial p}{\partial s_1} = 0, \quad \frac{\partial p}{\partial s_2} = 0, \quad \text{folglich} \quad \frac{\partial p}{\partial s_4} = 0, \quad \ldots (64)$$

d. h. die ersten Ableitungen von p verschwinden. Andererseits wird

$$\beta = \gamma + 90^0 \ldots \ldots \ldots (65)$$

und

$$b' = c \quad \text{(vgl. Abs. b)} \ldots \ldots \ldots (66)$$

Aus Gl. (23) folgt dann

$$a' = 0, \quad \text{d. h. } a = \infty,$$

wie sich auch aus $\dfrac{\partial p}{\partial s_4} = 0$ ergeben hätte.

An singulären Stellen des p-K-Netzes schneiden sich mithin die Isochromaten und die Isoklinen senkrecht und ihre Abstände verhalten sich wie

$$\frac{b}{c} = \frac{1}{2 \dfrac{q}{\sigma_0} \varepsilon} \cdot \ldots \ldots \ldots (67)$$

Hierdurch ist von vornherein die Lage der singulären Punkte gekennzeichnet. Bemerkenswert ist, daß sie im allgemeinen nicht mit den singulären Punkten der Hauptspannungslinien zusammenfallen. Über Zahl und Richtung ihrer Asymptoten erhalten wir mit Hilfe der Gl. (60) und (62) Aufschluß. Da entsprechend unserer Feststellung Gl. (64) die ersten Ableitungen von p verschwinden müssen, gilt in den Polarkoordinaten r, φ

$$\left(\frac{\partial p}{\partial r}\right)_{r=0} = 0, \quad \left(\frac{1}{r}\frac{\partial p}{\partial \varphi}\right)_{r=0} = 0.$$

Wegen Gl. (61) gilt dasselbe auch für K. Infolgedessen muß in den Entwicklungen (60) und (62) der Koeffizient a_1 verschwinden.

Als singuläre Punkte erster Ordnung definieren wir jene, bei denen die zweiten Ableitungen nicht verschwinden. In ihrer näheren Umgebung wird dann

$$p = a_0 + a_2\, r^2 \cos 2\,(\varphi - \varphi_2). \quad \ldots \ldots \text{(68)}$$
$$K = b_0 + a_2\, r^2 \sin 2\,(\varphi - \varphi_2). \quad \ldots \ldots \text{(69)}$$

Im singulären Punkt selbst wird $r = 0$ und

$$p = a_0, \quad K = b_0. \quad \ldots \ldots \ldots \text{(70)}$$

Die Asymptoten des p-K-Netzes sind dadurch gekennzeichnet, daß p bzw. K längs ihnen denselben Wert haben wie im singulären Punkt selbst, d. h. a_0 bzw. b_0. Das ist offenbar bei K der Fall für

$$\varphi = \varphi_2,\ \varphi_2 + 90^0,\ \varphi_2 + 180^0,\ \varphi_2 + 270^0,\ \ldots \text{(71)}$$

bei p für

$$\varphi = \varphi_2 + 45^0,\ \varphi_2 + 135^0,\ \varphi_2 + 225^0,\ \varphi_2 + 315^0. \ldots \text{(72)}$$

Mithin haben singuläre Punkte erster Ordnung vier aufeinander senkrechte p-Asymptoten und gegenüber diesen um 45^0 gedreht vier aufeinander senkrechte K-Asymptoten (vgl. Abb. 16).

Bei singulären Punkten zweiter Ordnung verschwinden die ersten und die zweiten, dagegen nicht die dritten Ableitungen. Mithin wird $a_1 = a_2 = 0$ und

$$p = a_0 + a_3\, r^3 \cos 3\,(\varphi - \varphi_3), \quad \text{(73)}$$
$$K = b_0 + a_3\, r^3 \sin 3\,(\varphi - \varphi_3). \quad \text{(74)}$$

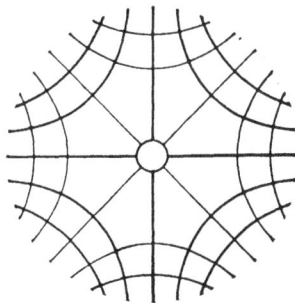

Abb. 16. Singulärer Punkt erster Ordnung des p-K-Netzes.

4*

Es ergeben sich 6 p-Asymptoten unter 60^0 zueinander und gegenüber diesen um 30^0 gedreht 6 K-Asymptoten (s. Abb. 17).

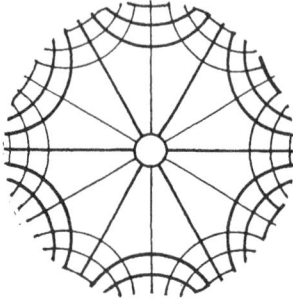

Allgemein ergibt sich folgende Regel:

Beim Umkreisen eines singulären Punktes des p-K-Netzes werden abwechselnd p- und K-Asymptoten überschritten; die eingeschlossenen Winkel sind sämtlich einander gleich und gleich $\dfrac{\pi}{2\,(n+1)}$, wobei n ganzzahlig ist und die Ordnungsziffer der Singularität angibt.

Abb. 17. Singulärer Punkt zweiter Ordnung des p-K-Netzes.

Nach diesen Vorbetrachtungen soll in II, 9 das zeichnerische Verfahren beschrieben und an Hand von Beispielen erläutert werden.

9. Die zeichnerische Ausführung des Neuberschen Verfahrens mit Beispielen.

a) Die Ausgangspunkte der p-Linien am Rand.

Der erste Schritt bei der Ermittlung der p-Linien ist die Kennzeichnung ihrer Ausgangspunkte am Rand. Entsprechend unseren Festsetzungen kommen alle Punkte in Frage, an denen der p-Wert ein ganzes Vielfaches des Bezugswertes σ_0 ist. Am belasteten Rand ist der p-Wert aus

$$p = q \cos 2\,\psi + 2\,\sigma$$

zu bestimmen, wie wir nachgewiesen haben. Am lastfreien Rand wird $p = \pm q$, d. h. Isochromaten und p-Linien haben dort dieselben Ausgangspunkte. Der nächste Schritt besteht in der Bestimmung der Richtungen der p-Linien am Rand mit konstanter Normalbelastung und am lastfreien Rand.

b) Die Richtung der p-Linien am Rand mit konstanter Normalbelastung und am lastfreien Rand.

In einem Ausgangspunkt O des Randes mit konstanter Normalbelastung oder am lastfreien Rand (vgl. Abb. 18)

zieht man die Randtangente; dann im beliebigen Abstand
von O eine Parallele zur Randtangente, die wir als Gerade I
bezeichnen wollen; ferner eine Gerade durch O, die gegenüber
der Randtangente im Uhrzeigersinn um 45° gedreht ist
und Gerade I in A schneidet. Schließlich benötigen wir noch
eine durch A gehende Senkrechte zur Randtangente, die wir
als Gerade II kennzeichnen wollen. Sie schneidet die Randtangente in B.

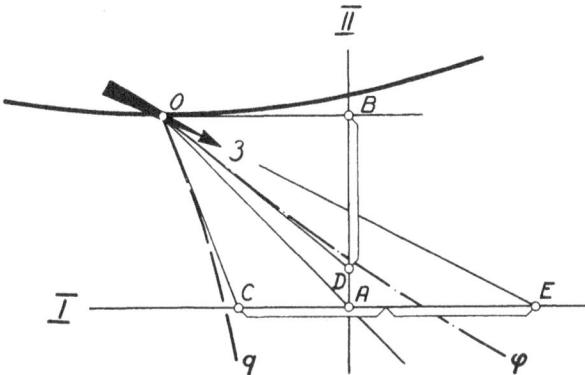

Abb. 18. Die Richtung der p-Linien am lastfreien oder konstant
belasteten Rand.

Diese vier Geraden werden zweckmäßig durch Verschieben
eines 45°-Dreieckes in einem Zuge gezeichnet.

Die Tangente an die Isochromate in O schneidet Gerade I
in C. Die Tangente an die Isokline in O schneidet Gerade II in
D. Liegt D unterhalb B, so trägt man die Strecke BD längs
der Geraden I von C aus nach rechts zweimal hintereinander
ab; der Endpunkt heiße E. OE liefert dann die Richtung der
p-Linie in O. Liegt D oberhalb B, so liegt E links von C.
(Wenn in O keine Isokline einmündet, kann die Isoklinenrich-
tung durch Interpolation aus den Richtungen der Isoklinen
ermittelt werden, die in der Nähe von O einmünden; das gleiche
gilt für die Isochromaten.)

Zum Nachweis der Richtigkeit der Konstruktion betrachten wir Abb. 19, in der die in Abb. 18 konstruierten Punkte
übertragen sind, und nehmen an, daß der Rand Richtung 2 hat.

Die auf die Gerade I von O aus gefällte Senkrechte OF hat dann Richtung *1*. Definitionsgemäß ist

$$\sphericalangle COF = \beta, \quad \sphericalangle DOF = \gamma.$$

Dann ist auch

$$\sphericalangle ODB = \gamma.$$

Mithin wird mit Bezug auf Gl. (42) von II, 8

$$\operatorname{tg} \alpha = \operatorname{tg} \beta + 2 \cot \gamma = \frac{FC}{OF} + 2\frac{BD}{OB}.$$

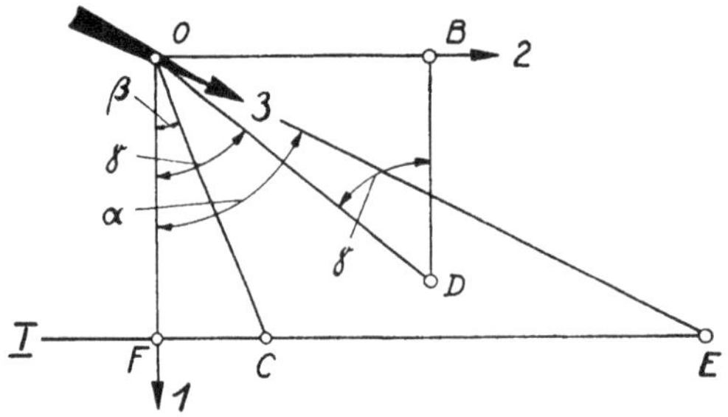

Abb. 19. Beweisfigur zu Abb. 18.

Nach Konstruktion ist aber

$$2BD = CE, \quad OB = OF,$$

so daß sich

$$\operatorname{tg} \alpha = \frac{FC}{OF} + \frac{CE}{OF} = \frac{FE}{OF},$$

d. h.

$$\alpha = \sphericalangle EOF$$

ergibt, was zu beweisen war.

Entsprechend läßt sich der Beweis auch mit Gl. (41) führen, wobei der Rand Richtung *1* hat.

Sonderfälle.

α) *Die Isochromate liegt im Rand.*

Wie aus der Konstruktion ohne weiteres hervorgeht, liegt dann auch die p-Linie im Rand. Dieser Fall tritt entweder ein, wenn die Isokline senkrecht in den Rand einmündet (s. II, 8, Abs. d); oder es ist $q = 0$. Bei letzterer Bedingung fallen Isokline und Isochromate auch noch in der Nähe des Randes zusammen.

β) Der Rand ist eine gerade Linie und damit zugleich Isokline.

In diesem Falle haben Isochromate und *p*-Linie gleiche Richtung, wie auch sofort aus der Konstruktion hervorgeht (s. auch II, 8, Abs. d).

c) Die Richtung der *p*-Linien im Innern.

In einem Punkte *O* (s. Abb. 20), wo eine Isochromate eine Isokline schneidet, erhalten wir Isoklinenabstand *c*, indem wir

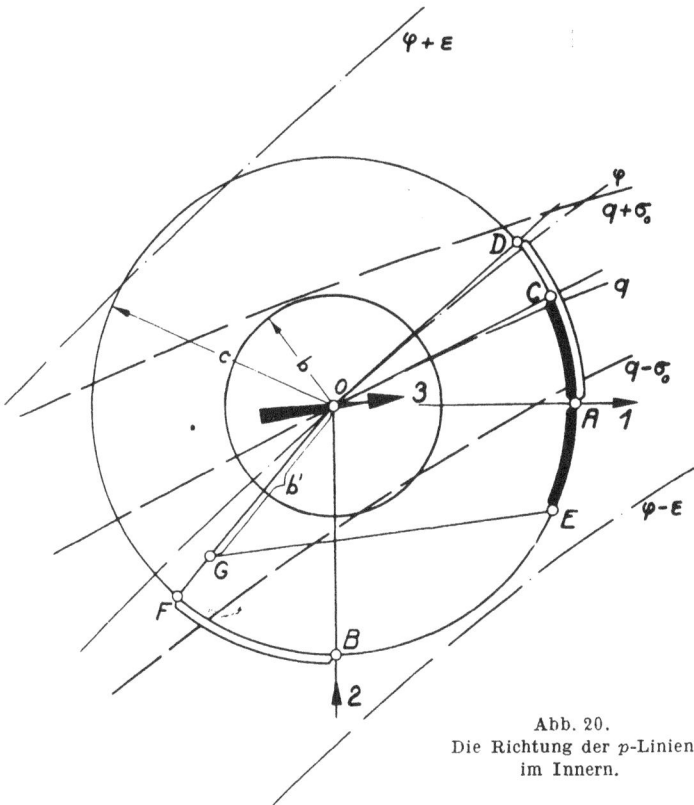

Abb. 20.
Die Richtung der *p*-Linien
im Innern.

den mittleren Abstand zwischen der durch *O* gehenden Isokline (Parameter φ) und den beiden benachbarten Isoklinen ($\varphi + \varepsilon$ auf der einen Seite, $\varphi - \varepsilon$ auf der anderen Seite) bilden. In entsprechender Weise erhalten wir den Isochromatenabstand b als mittleren Abstand zwischen der durch O gehenden Isochromate (q) und den beiden benachbarten $(q + \sigma_0$ und $q - \sigma_0)$. Die Länge von b' [s. II, 8, Gl. (19)] liefert uns ein Nomogramm. Abb. 21 zeigt das Nomogramm für ein ε von 5^0 und 10^0 (bzw. 0,08727 und 0,1745 in Bogenlängen). Zu jeder Abszisse b erhalten wir für jeden Parameter q die Länge von b' als Ordinate. Hiernach ziehen wir durch O in Abb. 20 die positive Richtung 1 (gegeben durch den φ-Wert der durch O gehenden Isokline), die

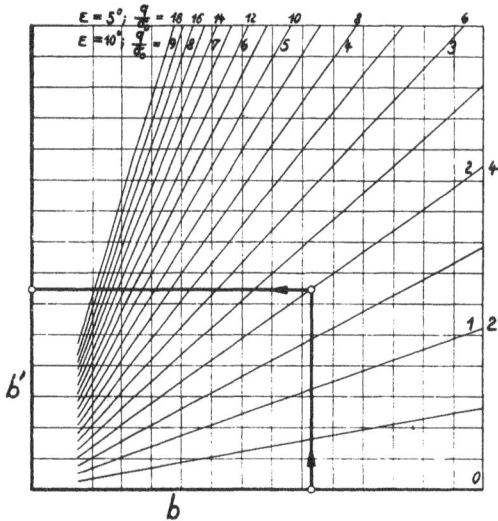

Abb. 21. Nomogramm zur schnellen Ermittlung des verzerrten Isochromatenabstandes.

negative Richtung 2 und die positiven Halbtangenten an die Isochromate und Isokline. (Entsprechend der Festsetzung positiver Gradienten gilt für die positiven Halbtangenten die Rechte-Hand-Regel: Blickt man von O zur Isochromate $q + \sigma_0$ bzw. Isokline $\varphi + \varepsilon$, so zeigt die positive Halbtangente an die Isochromate [bzw. Isokline] nach rechts!) Der Kreis um O mit c als Radius schneidet diese Richtungen in A, B, C und D. Wir tragen nun den Bogen AC von A aus auf dem Kreise entgegengesetzt ab, Endpunkt E; ebenso den Bogen AD von B aus; Endpunkt F. Verbinden wir dann O mit F und tragen auf OF von O aus b' ab, Endpunkt G, so hat GE die gesuchte Richtung *3*. Eine Parallele zu *GE* durch *O* gibt uns die Richtung der *p*-Linie in *O* an.

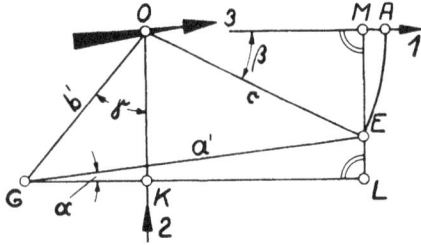

Abb. 22. Beweisfigur zu Abb. 20.

Zum Beweise dieser Konstruktion braucht man nur zwei Parallelen zu den Richtungen *1* und *2* durch *E* und *G* zu ziehen, Schnittpunkte *K*, *L*, *M* (Abb. 22). Aus der Konstruktion folgt unmittelbar

$$\sphericalangle\, E\, O\, M = \beta, \quad \sphericalangle\, K\, O\, G = \gamma,$$

mithin

$$\sphericalangle\, E\, O\, G = \gamma + 90^0 - \beta.$$

Wenden wir auf Dreieck *EOG* den Cosinussatz an, so wird

$$(GE)^2 = b'^2 + c^2 - 2\, b'\, c \cos (\gamma + 90^0 - \beta).$$

Durch Vergleich mit der Beziehung (23) von II, 8 ergibt sich

$$G\, E = a'.$$

Wir bilden ferner

$$\operatorname{tg} \sphericalangle LGE = \frac{LE}{GL} = \frac{LM - ME}{GK + KL} = \frac{OK - ME}{GK + OM} =$$
$$= \frac{b' \cos \gamma - c \sin \beta}{b' \sin \gamma + c \cos \beta}.$$

Durch Vergleich mit der Beziehung (22) von II, 8 folgt

$$\sphericalangle LGE = \alpha.$$

Nachdem *GL* parallel zur Richtung *1* liegt, liefert *GE* Richtung *3*, und zwar immer nur von *G* nach *E* positiv, wie man sich an Hand der Gl. (20) und (21) von II, 8 klar machen kann.

Bei der Konstruktion muß sorgfältig darauf geachtet werden, daß der Bogen *BF* entgegengesetzten Drehsinn hat wie der Bogen *AD* in Abb. 20.

Sonderfälle.

α) *b' ist sehr groß gegenüber c:*
Richtung *3* fällt mit *FO* zusammen.

β) *c ist sehr groß gegenüber b':*
Richtung *3* fällt mit OE zusammen.

γ) *Isochromate und Isokline schneiden sich senkrecht.*
Auch dann fällt Richtung *3* mit OE bzw. EO zusammen
(vgl. II, 8).

δ) *Isokline und Isochromate schneiden sich senkrecht,*
derart, daß $\beta = \gamma + 90^0$ *wird; zugleich wird* $b' = c$.
G und E fallen zusammen. In diesem Falle handelt es sich
um einen singulären Punkt des *p-K-Netzes* (vgl.
II, 8).

Hat man diese Konstruktionen in einer genügenden Anzahl von Punkten durchgeführt, wobei es sich empfiehlt,
gleichzeitig auch die Richtung *4* mit einzuzeichnen, so kann
das *p-K*-Netz bereits gezeichnet werden.

Eine erste Kontrolle liefert jede *p*-Linie, die den Rand
zweimal schneidet. An beiden Randpunkten muß der gleiche
p-Wert vorhanden sein.

Eine zweite Kontrolle liefern der Rand mit konstanter
Normalbelastung und der lastfreie Rand, wo Konstruktion b
mit Konstruktion c übereinstimmen muß.

Als dritte Kontrolle steht die genaue Ermittlung der
Abstände benachbarter *p*-Linien zur Verfügung.

d) Der Abstand der *p*-Linien.

Wo die genaue Kenntnis des Abstandes *a* zweier benachbarter *p*-Linien erwünscht ist, kann derselbe unmittelbar im
Anschluß an die Konstruktion c ermittelt werden (s. Abb. 20
und 23).

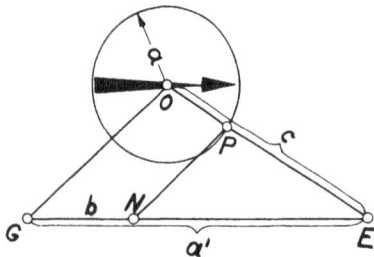

Abb. 23. Die Ermittlung des Abstandes
der *p*-Linien im Innern im Anschluß an
Abb. 20.

Trägt man *b* auf GE
von G aus ab, Endpunkt N
(nach Abb. 23) und zieht
durch N eine Parallele zu
OG, welche OE in P schneidet, so liefert OP den
Abstand *a*.

Man sieht leicht ein,
daß auf diese Weise Gl. (18)
von II, 8 erfüllt ist.

Sonderfälle:

α) *b' ist sehr groß gegenüber c:*
Wir erhalten in diesem Falle unmittelbar aus dem Nomogramm (Abb. 21) a als Abszisse zu c als Ordinate (s. Gl. (24) von II, 8).

β) *c ist sehr groß gegenüber b':*
Die p-Linien haben den gleichen Abstand wie die Isochromaten (s. Gl. (25) II, 8).

γ) *Isokline und Isochromate schneiden sich senkrecht.* Dreieck OGE in Abb. 20 wird zur Linie. Die Konstruktion versagt.

An die Stelle der normalen Konstruktion d tritt jetzt die folgende (Abb. 24). Man errichtet in E auf OE eine Senkrechte, trägt auf ihr von E aus $GE = a'$ ab, Endpunkt Q; ferner von Q aus rückwärts b, Endpunkt N. Eine Parallele zu OQ durch N schneidet OE in P. Dann wird entsprechend Gl. (18) von II, 8 $OP = a$.

Diese letztere Konstruktion ist an Stelle der normalen Konstruktion d (Abb. 23) auch dann zu empfehlen, wenn Isokline und Isochromate sich f a s t senkrecht schneiden.

Es ist in der Regel jedoch kaum nötig, den Abstand a auf diese Weise zu ermitteln, sondern nur, wenn eine Kontrolle erwünscht ist.

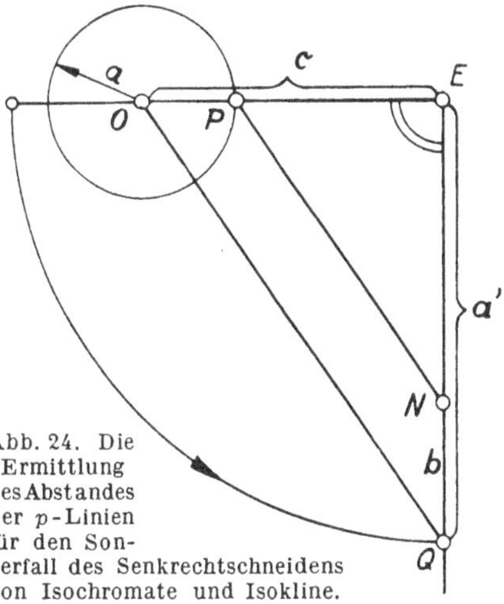

Abb. 24. Die Ermittlung des Abstandes der p-Linien für den Sonderfall des Senkrechtschneidens von Isochromate und Isokline.

e) D a s p-K-Netz.

Die v i e r t e K o n t r o l l e liegt in der Bedingung, daß die p-Linien mit ihrer orthogonalen Schar, den K-Linien, bei genügend kleinem σ_0 ein Netz mit q u a d r a t i s c h e n M a s c h e n bilden müssen. Bei einiger Übung kann man bei Beachtung dieser Tatsache noch an manchen Stellen kleine Korrekturen anbringen und auf diese Weise die Genauigkeit der ganzen Methode erhöhen. Die für die singulären Punkte geltende Regel (s. II, 8) führt zusammen mit der Vorschrift des quadratischen Netzes zwangläufig zur richtigen Lage der p-Linien. Zeichnerische Versehen werden sofort offenbar. Schon auf Grund ganz weniger Punkte, in denen Konstruktion c angewandt wird, kann das p-K-Netz bei einiger Übung mit ausreichender Genauigkeit gezeichnet werden.

Die p-Linien bilden zusammen mit den Isochromaten (q-Linien) und Isoklinen (φ-Linien) das vollständige Spannungsfeld, da wir beide Hauptspannungen nach Größe und Richtung unmittelbar ablesen können.

f) Beispiele.

Abb. 25 zeigt die Anwendung des Verfahrens auf den Fall einer Scheibe mit geradlinigem Rand, die längs der Strecke 2 B gleichmäßig auf Druck beansprucht ist. Dieses Problem wurde schon in I, 4 anläßlich der Ermittlung der Hauptspannungslinien aus den Isoklinen näher erörtert (siehe Abb. 8). Die normal zum Rand wirkende Druckspannung ergibt sich aus der Gesamtlast P zu $\dfrac{P}{2\,B\,D}$, wobei mit D die Dicke der Scheibe bezeichnet ist. Der Spannungsmaßstab sei

$$\sigma_0 = + 0{,}1 \, \frac{P}{B\,D} = 1.$$

Wir betrachten zunächst den lastfreien Rand. Dort ist überall $q = 0$, d. h. die Isochromate $q = 0$ fällt in den lastfreien Rand. Entsprechend dem Sonderfall b, α müssen die p-Linien sowohl am Rand selbst, wie auch in der Nähe des Randes mit den Isochromaten zusammenfallen. Ferner ist hier am Rand $p = \pm\, q = 0$.

Am Rand mit konstanter Normalbelastung ist in diesem Fall auch $q = 0$, so daß hier ebenfalls p-Linie und Isochromate zusammenfallen. Der p-Wert am Rand bestimmt sich jedoch jetzt aus Gl. (35) II, 8 zu

$$p = \pm\, q + 2\,\sigma = 0 + 2\,\frac{P}{2\,B\,D} = 10\,\sigma_0 = 10.$$

Wir gehen jetzt ins Innere und versuchen zunächst von einem der Sonderfälle Gebrauch zu machen. Bei den Isochromaten stellen wir fest, daß vom Rand aus und bis über die Isochromate $q = 3$ hinaus Zunahme des q-Wertes erfolgt und dann wieder Abnahme. Aus dem spannungsoptischen Versuch ergibt sich die Isochromate $q = 3,18$ als Linie des höchsten q-Wertes. Diese Isochromate gehört nicht zu den gewöhnlichen Isochromaten, die zur Messung von b in Betracht kommen und deren q-Werte ganze Zahlen sein müssen; sie ist daher nicht so stark ausgezogen worden. Darüber hinaus erfolgt

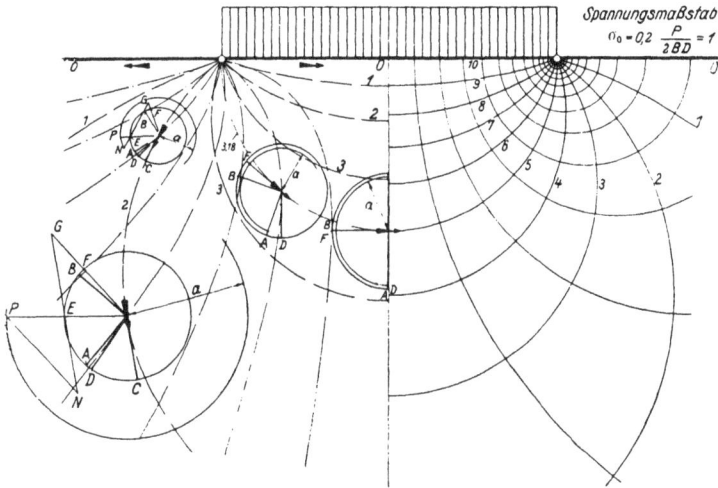

Abb. 25. Anwendung des Neuberschen Verfahrens auf die Scheibe mit geradlinigem Rand unter gleichmäßiger Druckbeanspruchung (links die Ermittlung von Richtung und Abstand der p-Linien aus den Isochromaten [———] und Isoklinen [—·—·—], rechts das p-K-Netz). Die zugehörigen Hauptspannungslinien wurden schon in Abb. 8 wiedergegeben.

wieder Abnahme des q-Wertes. Machen wir hier Gebrauch von der Vorstellung des »Hauptschubspannungshügels«, so stellt die Isochromate 3,18 den Kamm dieses Hügels dar. Da q überall im Innern der Scheibe eine differenzierbare Ortsfunktion sein muß, kann der Kamm keinen Grat bilden, sondern muß abgerundet sein. Längs einer Linie 6 wird infolgedessen der Differentialquotient $\dfrac{\partial q}{\partial s_6}$ auf den Kamm selbst Null:

$$\frac{\partial q}{\partial s_6} = \frac{\sigma_0}{b} = 0,$$

d. h. $b = \infty$ und folglich auch $b' = \infty$.

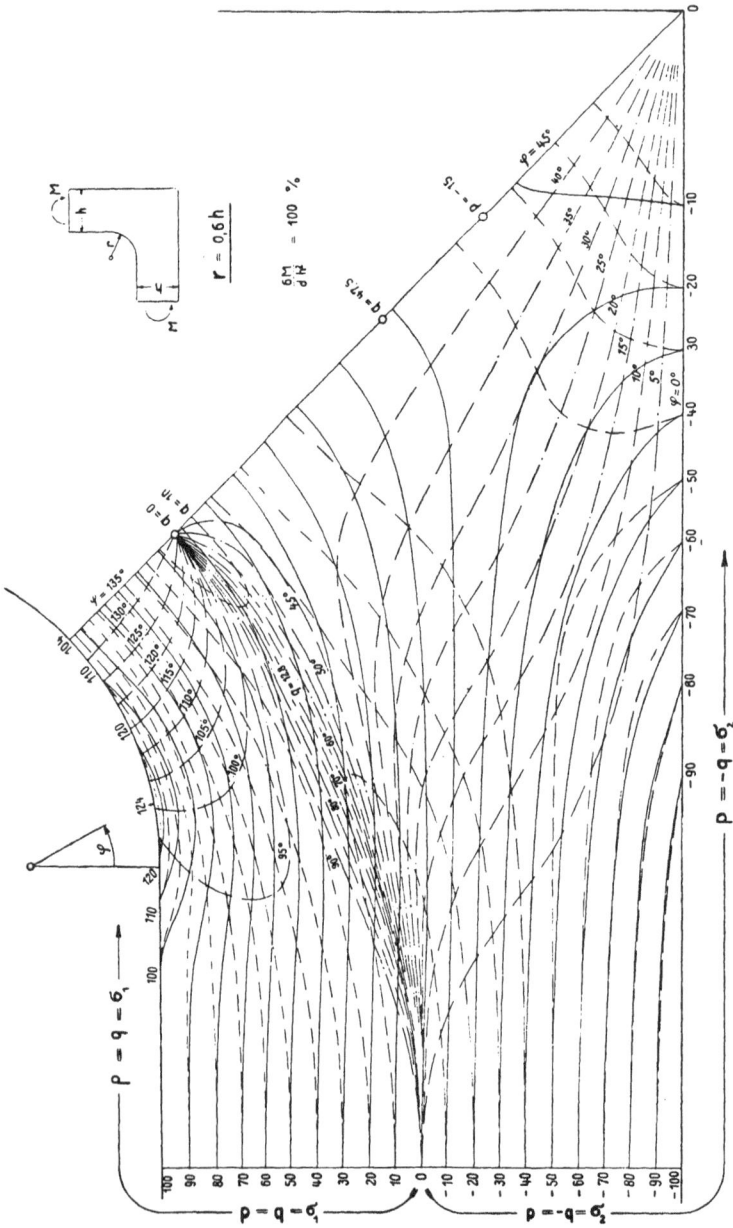

Abb. 26. Vollständiges Spannungsbild (Isoklinen [——], Isochromaten [— · · —] und die daraus mit Hilfe des Neuberschen Verfahrens ermittelten p-Linien [——]) für ein symmetrisches Stabeck bei reiner Biegungsbeanspruchung.

Auf der Isochromate 3,18 treten mithin die Sonderfälle c, α

und d, α mit $\alpha = 90^0 - \gamma$ und $a = \dfrac{c}{2\,\dfrac{q}{\sigma_0}\,\varepsilon}$ in Kraft. An

Punkten im Innern sind die Verfahren c und d in ihrer gewöhnlichen Form anzuwenden. Überall ergibt sich, daß die
Richtungen *3* und *5* zusammenfallen; jedoch haben die *p*-
Linien andere Abstände als die Isochromaten. Die rechte Seite
von Abb. 25 zeigt das vollständige *p-K*-Netz, welches in diesem
Falle durch ein elliptisches und ein hyperbolisches Kreis-
büschel gebildet wird.

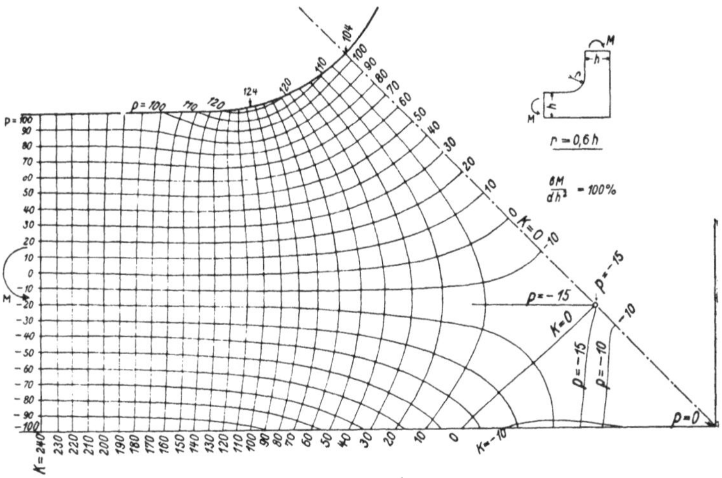

Abb. 27. Das *p-K*-Netz; auf der Symmetrielinie tritt ein singulärer Punkt
erster Ordnung (vgl. Abb. 16) auf.

Für den Anfänger ist es zweckmäßig, dieses Beispiel einmal selbst zeichnerisch durchzuführen, um auf diese Weise in
der Anwendung des Verfahrens Übung und Sicherheit zu
erlangen.

Die Abb. 26 bis 29 stellen die Anwendung des Verfahrens
auf das symmetrische Stabeck bei reiner und zusammengesetz-
ter Biegung dar[1]).

---

[1]) Siehe auch: H. Neuber, Proc. Roy. Soc.. A, Vol. 141, 1933,
S. 314; und Trans. Am. Soc. Mech. Eng. (Applied Mechanics), Vol. 56,
1934, S. 733.

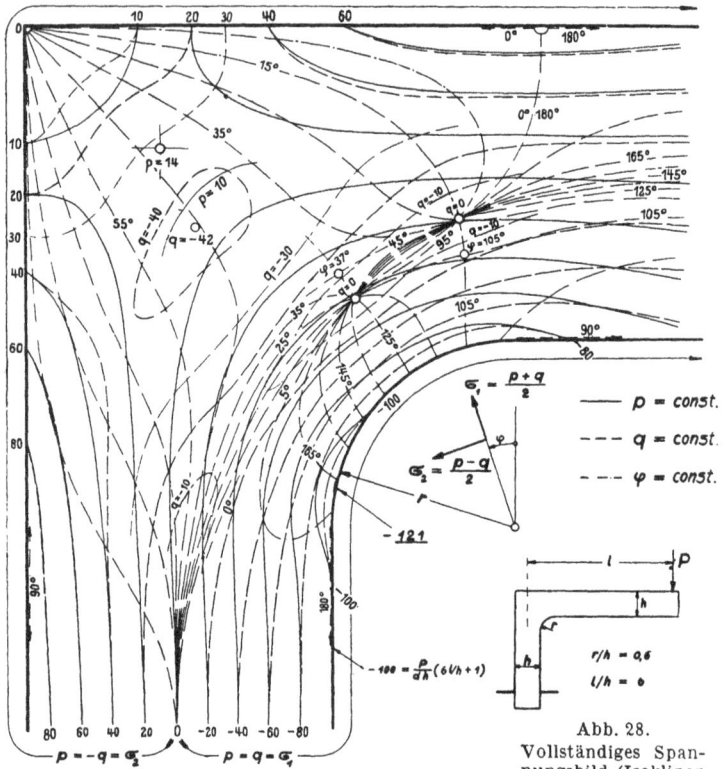

Abb. 28.
Vollständiges Span-
nungsbild (Isoklinen
[—·—·—], Isochro-
maten [— — —] und
die daraus mit dem
Neuberschen Verfah-
ren ermittelten p-Li-
nien [———]) für ein
symmetrisches Stab-
eck bei Biegung
durch Einzellast.

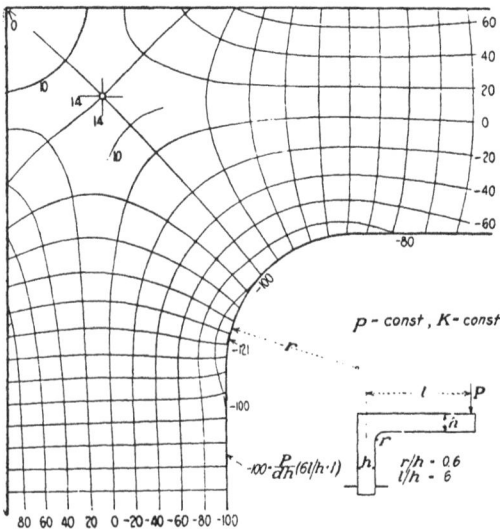

Abb. 29.
Das p-K-Netz:
neben der Symme-
trielinie tritt ein sin-
gulärer Punkt erster
Ordnung auf.

Längs der geradlinigen lastfreien Ränder haben p-Linien und Isochromaten gleiche Richtung. Für die lastfreie äußere Ecke finden wir die in II, 8 abgeleitete Regel bestätigt.

Im Innern haben wir bei den auf reine Biegung beanspruchten Schenkeln sehr große Isoklinenabstände, so daß die Sonderfälle c, β und d, β anwendbar sind. Der singuläre Punkt des p-K-Netzes ist entsprechend der Regel von II, 8 leicht auffindbar. Beim Zeichnen des p-K-Netzes ist hier zu beachten, daß längs des einen Randes $p = q = \sigma_1$, längs des anderen jedoch $p = -q = \sigma_2$ wird. Die Ursache liegt in der Tatsache, daß beim Überschreiten der singulären Linien $q = 0$ sich die Hauptspannungsrichtung um 90^0 dreht, d. h. die Rolle der Hauptspannung σ_1 wird von σ_2 übernommen und umgekehrt. Diese Erscheinung wird am besten an Hand der Hauptspannungslinienbilder (Abb. 30—36) klar.

10. Die Auswertung unter Zuhilfenahme des Seifenhautgleichnisses.

Wie wir gesehen haben, zerfällt die Auswertung des ebenen Spannungszustandes im allgemeinen in zwei Teile. Im ersten, experimentellen Teil wird das Netz der Isoklinen gewonnen und daraus das der Hauptspannungstrajektorien bestimmt; ferner wird mit Hilfe der Kompensation punktweise die höchste Schubspannung $\frac{\sigma_1 - \sigma_2}{2}$ ermittelt. Wie wir schon am Schluß von I, 6 gesehen haben, braucht bei Verwendung von optisch aktiveren Stoffen als Flintglas die Bestimmung der Werte von $\frac{\sigma_1 - \sigma_2}{2}$ nicht mehr punktweise zu erfolgen, sondern ist auf anderem Wege sehr viel schneller möglich. Der zweite Teil der Spannungsermittlung dient der Aufgabe, die Hauptspannungen σ_1 und σ_2 einzeln zu ermitteln. Die rechnerischen und zeichnerischen Verfahren, die dieser Aufgabe dienen, haben wir kennen gelernt. Es soll nun noch ein experimentelles Verfahren besprochen werden, das neuerdings mit Vorteil angewandt worden ist.

Sobald man an jedem Punkt des ebenen Spannungszustandes neben der Richtung der Hauptspannungen ihre Differenz $\sigma_1 - \sigma_2$ sowie ihre Summe $\sigma_1 + \sigma_2$ kennt, ist der Span-

nungszustand in allen Einzelheiten bekannt. Um die noch
fehlende Spannungssumme zu ermitteln, kann man folgendermaßen vorgehen: Zunächst macht man sich klar, daß die
Summe der Normalspannungen an einer Stelle für zwei zueinander senkrecht stehende Schnitte unabhängig von den
Schnittrichtungen den gleichen Wert hat, wie aus dem Mohrschen Spannungskreis hervorgeht. Infolgedessen kann man

$$\sigma_1 + \sigma_2 = \sigma_x + \sigma_y$$

schreiben, wenn wie früher mit σ_x und σ_y die Normalspannungen,
bezogen auf ein rechtwinkeliges Koordinatensystem x, y
bezeichnet werden.

Wegen Gl. (9) von I, 1 gilt folglich die Beziehung

$$\Delta\,(\sigma_1 + \sigma_2) = 0. \quad \ldots \ldots \ldots \quad (1)$$

Die gesuchte Spannungssumme ist also eine harmonische
Funktion, da sie der Laplaceschen Gleichung genügen muß.
Die Werte der Spannungssumme sind längs des Randes be-
kannt; denn z. B. am lastfreien Rand, wo die eine der beiden
Hauptspannungen, etwa σ_2, Null ist, stimmt die Spannungssumme $\sigma_1 + \sigma_2$ mit der Spannungsdifferenz $\sigma_1 - \sigma_2$ überein.
Letztere wird aber durch Kompensation überall, also auch
am Rand, gemessen. Aber auch an Belastungsstellen des
Randes ist $\sigma_1 + \sigma_2$ als bekannt anzusehen, sofern dort die
Belastung gegeben ist; denn wenn dort die Spannung senkrecht und tangential zum Rand als äußere Belastung bekannt
ist, so entspricht dies einem Punkt des Mohrschen Spannungskreises für die betreffende Stelle. Als weitere Bestim-
mungsgröße des Mohrschen Spannungskreises dient die durch
Kompensation gefundene höchste Schubspannung, die gleich
dem Radius des Mohrschen Spannungskreises ist. Damit ist
aber der Mohrsche Spannungskreis für die betreffende Stelle
festgelegt, und man kann die Hauptspannungen und damit
auch die Spannungssumme an diesem Randpunkt angeben.
(Vgl. II, 8, c).

Die Aufgabe der Bestimmung von $\sigma_1 + \sigma_2$ für den ganzen
Bereich des ebenen Spannungszustandes ist also zurückgeführt
auf die bekannte Randwertaufgabe der Potentialtheorie, wonach
die gesuchte Funktion $\sigma_1 + \sigma_2$ längs des ganzen Randes bekannt
ist und überall im Innern der Potentialgleichung genügen muß.

Dies sind aber dieselben Bedingungen, der die Ordinaten einer Seifenhaut genügen müssen, die über ein ebenes Gebiet bei vorgegebener Randordinate ausgespannt wird. Die Ordinaten der Seifenhaut entsprechen den jeweiligen gesuchten Werten der Spannungssumme $\sigma_1 + \sigma_2$ und die Randordinaten den gegebenen Randwerten von $\sigma_1 + \sigma_2$. Dieser Vergleich geht aus dem bekannten Seifenhautgleichnis von Prandtl zur Torsion prismatischer Stäbe hervor[1]). Es muß nur verlangt werden, daß die Seifenhaut nirgends zu starke Verwölbungen aufweist, da bei der Ableitung ihrer Differentialgleichung der Sinus und Tangens des Neigungswinkels der Tangentialebene an die Seifenhaut miteinander vertauscht werden. Dies ist bei geringen Neigungen mit weitgehender Annäherung gestattet.

Unter Anwendung dieses Seifenhautgleichnisses läßt sich die Spannungssumme $\sigma_1 + \sigma_2$ überall ermitteln, indem man die bekannten Randwerte von $\sigma_1 + \sigma_2$ in geeignetem Maßstab senkrecht zur Ebene aufträgt und über die so erhaltene Raumkurve eine Seifenhaut ausspannt. Die Ausmessung der Ordinaten der Seifenhaut liefert überall die gesuchte Spannungssumme $\sigma_1 + \sigma_2$. Die Art der Ausmessung ist sehr verschieden. Amerikanische Forscher greifen die Ordinaten ab[2]). Sehr gut hat sich auch die Auswertung auf photogrammetrischem Wege bewährt[3]). In der angegebenen Literatur findet man verschiedene Hinweise auf die zweckmäßige Durchführung dieser Versuche.

Zum Schluß sei darauf hingewiesen, daß dieses Verfahren mit Hilfe einer solchen Seifenhaut allgemein zur experimentellen Lösung der ersten Randwertaufgabe der Potentialtheorie, die in verschiedenen Teilen der Physik eine große Rolle spielt, dienen kann, so daß damit auch ein wertvolles Hilfsmittel der praktischen Analysis gegeben ist, das noch nicht genügend Verwendung gefunden hat[4]).

[1]) S. Drang und Zwang, II. Bd., 2. Aufl., S. 57, und Prandtl-Festschrift ZAMM 1935.

[2]) E. E. Weibel, Studies in photoelastic stress determination. Trans. Am. Soc. Mech. Eng. 1934, Vol. 55.

[3]) Münchener Dissertation A. Thiel, Ing. Arch., Bd. V (1934), S. 417; Münchener Dissertation F. Engelmann.

[4]) S. Bauersfeld, Über eine Erweiterung des Prandtlschen Membrangleichnisses, Ing. Arch., Bd. V (1934), S. 69.

III. Sonderfragen zur optischen Spannungs-
messung.

11. Singuläre Punkte bei der optischen Spannungsmessung.

Wir haben schon im ersten Abschnitt auf die singulären
Punkte hingewiesen, die bei der optischen Spannungsmessung
sehr häufig auftreten. So zeigt Abb. 6 ein Beispiel eines solchen singulären Punktes. Der singuläre Punkt ist dadurch
äußerlich gekennzeichnet, daß bei jeder Stellung des gespannten
Körpers gegen die Nikolschen Prismen wenigstens ein Zweig
der zugehörigen Isoklinen hindurchläuft. Dies rührt daher, daß
am singulären Punkt die beiden Hauptspannungen einander
gleich sind, so daß der optische Effekt dort für jede Stellung
des Körpers verschwindet. Wenn die beiden Hauptspannungen
gleich groß sind, so schrumpft der Mohrsche Spannungskreis
für die singuläre Stelle zu einem Punkt zusammen, woraus
folgt, daß an dieser Stelle überhaupt keine Schubspannungen
auftreten und die Normalspannungen für alle Schnittrichtungen
durch diesen Punkt die gleichen Werte annehmen.

Da der optische Effekt am singulären Punkt Null und
infolgedessen in seiner nächsten Umgebung gering ist, macht
die optische Auswertung dieses Gebietes gewisse Schwierigkeiten. Deshalb ist es von besonderem Vorteil, daß man den
singulären Punkt und seine Umgebung verhältnismäßig leicht
theoretisch erfassen kann. Die singulären Punkte lassen sich
nach Klassen und in Ordnungen einteilen. So bald die Klasse
bzw. Ordnung bekannt ist, liegt damit der Verlauf der Hauptspannungen in der Umgebung des singulären Punktes im we-
sentlichen auch fest.

Wir wollen die Untersuchung des Spannungsverlaufes mit
Hilfe der Airyschen Spannungsfunktion $F(x, y)$ durchführen,
wobei wir den Anfangspunkt des Koordinatensystems in den
singulären Punkt legen. Der Zusammenhang zwischen der
Airyschen Spannungsfunktion und den Spannungen ist durch

die Gl. (2) von I, 1 gegeben. Die Spannungsfunktion selbst muß der Differentialgleichung (10) I, 1 genügen.

Wir machen nun den folgenden allgemeinen Ansatz für die Spannungsfunktion F

$$\left.\begin{aligned} F = {} & a_1 x^2 + a_2 y^2 + a_3 x y \\ & + b_0 x^2 y + b_1 y^3 + b_2 x^3 + b_3 x y^2 \\ & + c_0 x^4 + c_1 y^4 + c_2 x^2 y^2 + c_3 x y^3 + c_4 x^3 y \\ & + \ldots \ldots \ldots \end{aligned}\right\} \quad (1)$$

Die in x und y linearen Glieder sind darin von vorneherein weggelassen, da sie zu den Spannungen überhaupt nicht beitragen können.

Die Bedingungen für den singulären Punkt lauten

$$(\sigma_x)_{\substack{x=0 \\ y=0}} = (\sigma_y)_{\substack{x=0 \\ y=0}} \quad \text{und} \quad (\tau)_{\substack{x=0 \\ y=0}} = 0$$

oder mit Hilfe der Spannungsfunktion geschrieben:

$$\left(\frac{\partial^2 F}{\partial y^2}\right)_{\substack{x=0 \\ y=0}} = \left(\frac{\partial^2 F}{\partial x^2}\right)_{\substack{x=0 \\ y=0}} = \sigma_0 \quad \text{und} \quad \left(\frac{\partial^2 F}{\partial x \, \partial y}\right)_{\substack{x=0 \\ y=0}} = 0.$$

Daraus folgt für die Beiwerte in der Spannungsfunktion F:

$$a_1 = a_2 = \frac{\sigma_0}{2} \quad \text{und} \quad a_3 = 0 \ . \ . \ . \ . \ . \ (2)$$

Für den singulären Punkt 1. Ordnung kann man sich auf die quadratischen und kubischen Glieder in Gl. (1) beschränken, so daß dann bleibt

$$F = \frac{\sigma_0}{2} (x^2 + y^2) + b_0 x^2 y + b_1 y^3 + b_2 x^3 + b_3 x y^2. \quad (3)$$

Die Differentialgleichung $\Delta\Delta F = 0$, der F als Airysche Spannungsfunktion genügen muß, ist mit dem Ansatz nach Gl. (3) befriedigt.

Die Spannungen folgen aus Gl. (3) zu

$$\left.\begin{aligned} \sigma_x &= \frac{\partial^2 F}{\partial y^2} = \sigma_0 + 6 b_1 y + 2 b_3 x, \\ \sigma_y &= \frac{\partial^2 F}{\partial x^2} = \sigma_0 + 2 b_0 y + 6 b_2 x, \\ \tau &= -\frac{\partial^2 F}{\partial x \, \partial y} = -2 b_0 x - 2 b_3 y. \end{aligned}\right\} \quad \ldots \ (4)$$

In der nächsten Umgebung des singulären Punktes kommt man im allgemeinen mit dieser Näherung erster Ordnung für den Spannungszustand aus. Die Beiwerte b_0 bis b_3 charakterisieren die Art des betreffenden singulären Punktes. Um dies näher zu untersuchen, bestimmen wir den Neigungswinkel α bzw. $90^0 + \alpha$ der Hauptspannungsrichtungen gegen die x-Achse. Aus dem Mohrschen Spannungskreis folgt

$$\operatorname{tg} 2\,\alpha = \pm\ \frac{2\,\tau}{\sigma_x - \sigma_y}\ \ldots \ldots \ldots \ldots \ldots \ (5)$$

oder wegen Gl. (4)

$$\operatorname{tg} 2\,\alpha = \pm\ 2\ \frac{b_0\,x + b_3\,y}{(3\,b_2 - b_3)\,x + (b_0 - 3\,b_1)\,y}\ \ldots \ldots \ (6)$$

Wir brauchen in dieser Beziehung nur das eine von den beiden Vorzeichen berücksichtigen, ohne die Allgemeingültigkeit der Rechnung zu beeinträchtigen, da man das andere Vorzeichen stets durch Wechsel der Vorzeichen von b_0 und b_3 und durch geeignete Wahl der beiden anderen Konstanten b_1 und b_2 erhalten kann.

Gl. (6) bestimmt in der nächsten Umgebung des singulären Punktes ein Richtungsfeld für die Hauptspannungsrichtungen. Längs einer Geraden durch den Nullpunkt ergeben sich für alle Punkte dieser Geraden aus Gl. (6) dieselben Werte α und damit die gleichen Hauptspannungsrichtungen. Indem wir irgendeine dieser Geraden durch den Winkel ϑ charakterisieren, den sie mit der x-Achse einschließt, so gilt

$$\operatorname{tg} \vartheta = \frac{y}{x},$$

und damit läßt sich Gl.(6), in der wir nur das negative Vorzeichen vor dem Bruch beibehalten wollen, folgendermaßen schreiben:

$$\operatorname{tg} 2\,\alpha = -\,2\ \frac{b_0 + b_3 \operatorname{tg} \vartheta}{3\,b_2 - b_3 + (b_0 - 3\,b_1) \operatorname{tg} \vartheta}\ \ldots \ (7)$$

Bei gegebenen Werten der Konstanten b_i ist darnach jeder Geraden durch den singulären Punkt unter dem Winkel ϑ gegen die x-Achse ein Achsenkreuz mit den Winkeln α bzw. $\alpha + 90^0$ der Hauptspannungslinien gegen die x-Achse zugeordnet.

Besonders charakteristisch für dieses Feld der Hauptspannungstrajektorien sind die sog. Asymptotenlinien durch den singulären Punkt. Sie sind durch die Beziehung

$$\alpha = \vartheta \quad \ldots \ldots \ldots \ldots \quad (8)$$

festgelegt. Dies bedeutet, daß die Linien, die dieser letzteren Bedingung genügen, für die eine Schar von Hauptspannungslinien Asymptoten sind, während die Hauptspannungslinien der zweiten Schar alle darauf senkrecht stehen. Bezeichnet man die den Asymptoten entsprechenden Winkel mit ϑ_0 und setzt

$$\operatorname{tg} \vartheta_0 = z, \quad \ldots \ldots \ldots \ldots \quad (9)$$

so folgt aus Gl. (7) wegen

$$\operatorname{tg} 2\,\vartheta_0 = \frac{2\,\operatorname{tg}\vartheta_0}{1 - \operatorname{tg}^2\vartheta_0}$$

für z die folgende Gleichung 3. Grades:

$$z^3 + \frac{3\,b_1}{b_3}\,z^2 - \frac{3\,b_2}{b_3}\,z - \frac{b_0}{b_3} = 0. \quad \ldots \ldots \quad (10)$$

Wir wollen nun zwei Fälle unterscheiden, je nachdem der singuläre Punkt symmetrisch oder unsymmetrisch ist. Im Falle des **symmetrischen singulären Punktes** denken wir uns die y-Achse in die Symmetrieachse gelegt; dann müssen die in x ungeraden Glieder in Gl. (3) wegfallen; d. h. es ist dann

$$b_2 = 0 \quad \text{und} \quad b_3 = 0. \quad \ldots \ldots \ldots \quad (11)$$

Gl. (7) vereinfacht sich damit zu

$$\operatorname{tg} 2\,\alpha = -\frac{2\,b_0}{b_0 - 3\,b_1} \cdot \frac{1}{\operatorname{tg}\vartheta} \quad \ldots \ldots \ldots \quad (12)$$

und Gl. (10) geht nach Multiplikation mit b_3 unter Berücksichtigung der Beziehungen von Gl. (11) über in

$$z^2 = \frac{b_0}{3\,b_1}$$

oder

$$z = \operatorname{tg}\vartheta_0 = \pm\sqrt{\frac{b_0}{3\,b_1}}\cdot \quad \ldots \ldots \ldots \quad (13)$$

Zu diesen beiden Wurzeln für $\operatorname{tg}\vartheta_0$ tritt als weitere die Symmetrieachse; denn für $\alpha = \vartheta_0 = 90^0$ und $\vartheta = \vartheta_0 = 90^0$ wird in der Tat Gl. (12) befriedigt, wenn b_0 von Null verschieden ist.

Man erhält demnach drei Asymptoten, auch beim symmetrischen singulären Punkt, von denen die eine mit der Symmetrieachse zusammenfällt, während die Richtungen der beiden anderen durch Gl. (13) bestimmt werden. Diese beiden letzteren brauchen aber nicht reell zu sein. Dieser Fall tritt dann ein, wenn der Wert unter der Wurzel negativ ist.

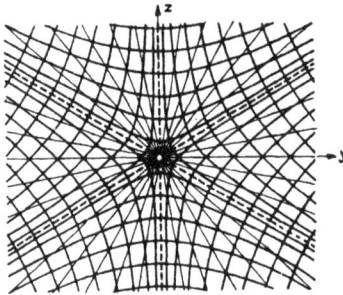

Abb. 30.
Symmetrischer singulärer Punkt
1. Art.
$\vartheta_0 = 30°; \ 90°; \ 150°. \ \dfrac{b_0}{3\,b_1} = +\dfrac{1}{3}.$

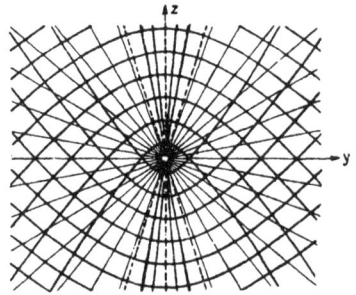

Abb. 31.
Symmetrischer singulärer Punkt
1. Art.
$\vartheta_0 = 72,{}_4°; \ 90°; \ 107,{}_6°. \ \dfrac{b_0}{3\,b_1} = 10.$

Wir unterscheiden demnach beim symmetrischen singulären Punkt 1. Ordnung noch die beiden Unterfälle

$\dfrac{b_0}{3\,b_1} > 0$ (symmetrischer singulärer Punkt 1. Ordnung, 1. Art) und

$\dfrac{b_0}{3\,b_1} < 0$ (symmetrischer singulärer Punkt 1. Ordnung, 2. Art);

im ersteren Falle treten drei reelle Asymptoten auf (s. Abb. 30 und 31), im letzteren nur eine (s. Abb. 32 und 33).

Wir wollen nun auch noch den Fall des unsymmetrischen singulären Punktes 1. Ordnung behandeln und müssen zu diesem Zwecke auf die allgemein gültigen Gleichungen (7) bzw. (10) zurückgreifen. Die letztere Gleichung ist vom 3. Grad in z und hat entweder eine oder drei reelle Wurzeln, d. h. eine oder drei reelle Asymptoten. Um den Anschluß an die Darstellung beim symmetrischen singulären Punkt zu gewinnen, denken wir uns das xy-Koordinatensystem so gedreht, daß die y-Achse in eine reelle Asymptotenlinie fällt.

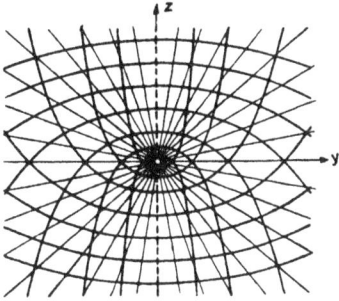

Abb. 32.
Symmetrischer singulärer Punkt
2. Art.

$\vartheta_0 = 90^\circ. \quad \dfrac{b_0}{3\,b_1} = -\dfrac{1}{3}.$

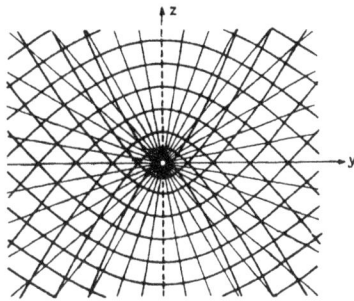

Abb. 33.
Symmetrischer singulärer Punkt
2. Art.

$\vartheta_0 = 90^\circ. \quad \dfrac{b_0}{3\,b_1} = -10.$

Für das so gelegte xy-Koordinatensystem muß Gl. (10) mit $z = \infty$ oder $\dfrac{1}{z} = 0$ befriedigt sein; das ist aber nur der Fall, wenn

$$b_3 = 0 \quad \ldots \ldots \ldots \quad (14)$$

ist. Gl. (10) geht dann in die folgende Gleichung 2. Grades über, aus der die beiden anderen Asymptotenlinien folgen:

$$z^2 - \frac{b_2}{b_1}\,z = \frac{b_0}{3\,b_1}. \quad \ldots \ldots \ldots \quad (15)$$

Die beiden Wurzeln dieser Gleichung lauten

$$z_{1,2} = \frac{b_2}{2\,b_1} \pm \sqrt{\frac{b_2{}^2}{4\,b_1{}^2} + \frac{b_0}{3\,b_1}}. \quad \ldots \ldots \quad (16)$$

Auch hier unterscheiden wir je nachdem, ob die Wurzel reell oder imaginär ist, die beiden Unterfälle:

$\dfrac{b_2{}^2}{4\,b_1{}^2} + \dfrac{b_0}{3\,b_1} > 0$ (unsymmetrischer singulärer Punkt 1. Ordnung, 1. Art) und

$\dfrac{b_2{}^2}{4\,b_1{}^2} + \dfrac{b_0}{3\,b_1} < 0$ (unsymmetrischer singulärer Punkt 1. Ordnung, 2. Art).

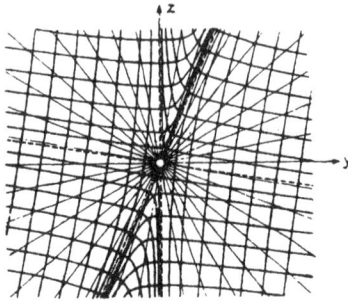

Abb. 34.
Unsymmetrischer singulärer Punkt
1. Art.
$\vartheta_0 = 65{,}8°$; $90°$; $171{,}_2°$.
$$\frac{b_0}{3 b_1} = \frac{1}{3}; \quad \frac{b_2}{2 b_1} = 1.$$

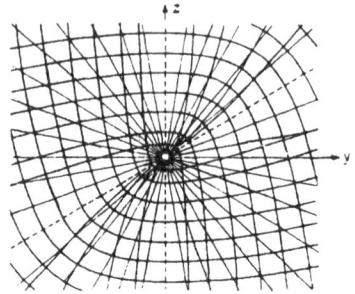

Abb. 35.
Unsymmetrischer singulärer Punkt
1. Art.
$\vartheta_0 = 90°$; $30°$ (Doppelwurzel).
$$\frac{b_0}{3 b_1} = -\frac{1}{3}; \quad \frac{b_2}{2 b_1} = \frac{1}{3} \sqrt{3}.$$

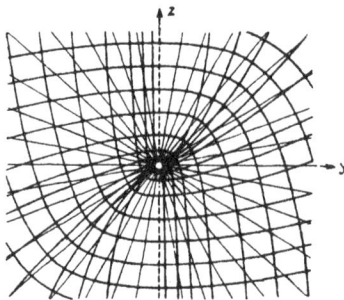

Abb. 36.
Unsymmetrischer singulärer Punkt
2. Art.
$\vartheta_0 = 90°$. $\dfrac{b_0}{3 b_1} = -\dfrac{1}{3}; \dfrac{b_2}{2 b_1} = +\dfrac{1}{2}.$

Im ersteren Falle treten wieder drei reelle Asymptoten auf (s. Abb. 34 und 35), im letzteren Fall dagegen nur eine (s. Abb. 36). Mit $b_2 = 0$ geht der unsymmetrische singuläre Punkt in den symmetrischen über.

Man kann in ähnlicher Weise auch den singulären Punkt 2. oder höherer Ordnung behandeln. Es sei bezüglich des Punktes 2. Ordnung auf die Literatur verwiesen[1]).

12. Das Auftreten und die Berücksichtigung der Poissonschen Konstanten in der Spannungsoptik.

Der ebene Spannungszustand ist bekanntlich in gewissen Fällen von der Poissonschen Konstanten $1/m$ abhängig. Die besonderen Bedingungen hierfür, sowie die allgemeinen Regeln,

---

[1]) L. Föppl, Der singuläre Punkt 2. Ordnung. Erschienen in Mitt. Mech. techn. Lab. T.H. München, Heft 34.

nach denen aus spannungsoptischen Messungen die Werte der Spannungen für beliebiges $1/m$ gefunden werden können, wollen wir jetzt im Anschluß an den Residuensatz der Funktionentheorie in einfacher Weise ableiten. Für den Fall der Unabhängigkeit der Spannungen von $1/m$ wird ferner gezeigt werden, daß dann auch die Verschiebungen am lastfreien Rand nicht von $1/m$ abhängen.

Mit Bezug auf kartesische Koordinaten x, y mit den Spannungen σ_x, σ_y, τ und den Verschiebungen ξ, η wurden in I, 1 die folgenden Gleichungen abgeleitet:

$$\frac{\partial \sigma_x}{\partial x} + \frac{\partial \tau}{\partial y} = 0, \quad \frac{\partial \sigma_y}{\partial y} + \frac{\partial \tau}{\partial x} = 0. \quad \ldots \ldots (1)$$

$$\frac{\partial \xi}{\partial x} = \frac{1}{E}\left(\sigma_x - \frac{1}{m}\cdot\sigma_y\right), \quad \frac{\partial \eta}{\partial y} = \frac{1}{E}\left(\sigma_y - \frac{1}{m}\sigma_x\right),$$

$$\frac{1}{2}\left(\frac{\partial \eta}{\partial x} + \frac{\partial \xi}{\partial y}\right) = \frac{1 + \dfrac{1}{m}}{E}\,\tau. \quad \ldots \ldots (2)$$

Wir führen wie in II, 8

die »Spannungssumme«

$$\sigma_x + \sigma_y = p \ldots \ldots \ldots \ldots (3)$$

und die »Verdrehung«

$$\frac{1}{2}\left(\frac{\partial \eta}{\partial x} - \frac{\partial \xi}{\partial y}\right) = \frac{K}{E} \quad \ldots \ldots (4)$$

ein und erhalten aus Gl. (2)

$$\frac{\partial \xi}{\partial x} = \frac{1}{E}\left[p - \left(1 + \frac{1}{m}\right)\sigma_y\right], \quad \frac{\partial \xi}{\partial y} = \frac{1}{E}\left[-K + \left(1 + \frac{1}{m}\right)\tau\right]. \quad (5)$$

Durch Differenzieren der ersten Gleichung nach y, der zweiten nach x und Subtrahieren ergibt sich mit Rücksicht auf Gl. (1):

$$0 = \frac{\partial p}{\partial y} + \frac{\partial K}{\partial x}. \quad \ldots \ldots \ldots (6)$$

Durch die entsprechende Elimination von η erhalten wir

$$0 = \frac{\partial p}{\partial x} - \frac{\partial K}{\partial y}. \quad \ldots \ldots \ldots (7)$$

p und K sind also konjugiert harmonische Funktionen[1]), wie

---

[1]) Vgl. auch A. und L. Föppl, Drang und Zwang, 1. Bd., 2. Aufl., München und Berlin 1924, § 43.

dies auch schon in II, 8 nachgewiesen worden ist. Nach einem bekannten Satze der Funktionentheorie existiert mithin eine komplexe Funktion

$$f(z) = p + i K \quad \ldots \ldots \ldots \quad (8)$$

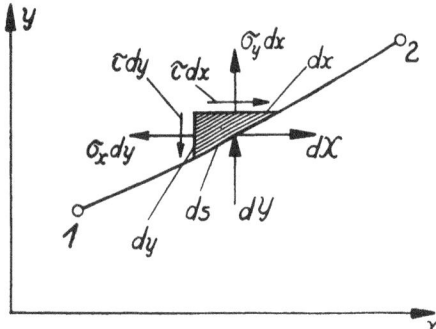

Abb. 37. Der durch eine Linie hindurchgehende Kraftfluß.

mit $z = x + i y$.

Wir kehren nun zu den Gl. (5) zurück und bilden die gesamte Änderung von ξ längs eines ununterbrochen im Material verlaufenden Linienzuges γ, welcher die Punkte *1* und *2* verbindet (s. Abb. 37). Es wird

$$\int\limits_{1(\gamma)}^{2} \left(\frac{\partial \xi}{\partial x} d x + \frac{\partial \xi}{\partial y} d y \right) = \int\limits_{1(\gamma)}^{2} d \xi =$$

$$= \frac{1}{E} \int\limits_{1(\gamma)}^{2} (p \, d x - K \, d y) + \frac{1 + \frac{1}{m}}{E} \int\limits_{1(\gamma)}^{2} (- \sigma_y \, d x + \tau \, d y). \quad (9)$$

Entsprechend wird die gesamte Änderung von η

$$\int\limits_{1(\gamma)}^{2} d \eta = \frac{1}{E} \int\limits_{1(\gamma)}^{2} (p \, d y + K \, d x) + \frac{1 + \frac{1}{m}}{E} \int\limits_{1(\gamma)}^{2} (- \sigma_x \, d y + \tau \, d x). \quad (10)$$

Sind $d X$ und $d Y$ die im Lilienelement $d s$ übertragenen Kräfte, so folgen aus dem Gleichgewicht des Elementes mit den Kanten $d x$, $d y$, $d s$ (s. Abb. 37)

$$d X = \sigma_x d y - \tau d x, \quad d Y = - \sigma_y d x + \tau d y. \quad \ldots \quad (11)$$

Wir führen nun mit

$$\sigma_x = \frac{\partial^2 F}{\partial y^2}, \quad \sigma_y = \frac{\partial^2 F}{\partial x^2}, \quad \tau = - \frac{\partial^2 F}{\partial x \partial y} \quad \ldots \quad (12)$$

die Airysche Spannungsfunktion F ein. Hierdurch sind die Gl. (1) befriedigt. Die Gl. (11) gehen über in

$$d X = \frac{\partial^2 F}{\partial y^2} \, d y + \frac{\partial^2 F}{\partial x \, \partial y} \, d x = d \left(\frac{\partial F}{\partial y} \right), \quad d Y = - d \left(\frac{\partial F}{\partial x} \right). \quad (13)$$

Für den durch eine Linie hindurchgehenden Kraftfluß sind also die Änderungen von $\frac{\partial F}{\partial y}$ und $\frac{\partial F}{\partial x}$ maßgebend.

An lastfreien Rändern verschwinden dX und dY und es wird

$$\frac{\partial F}{\partial x} = \text{const}, \quad \frac{\partial F}{\partial y} = \text{const}. \quad \ldots \ldots (14)$$

Verbindet γ die Punkte A und B eines lastfreien Randes, so müssen, falls in dem zwischen γ und dem lastfreien Rand gelegenen Gebiet keine äußeren Kräfte angreifen, die Integrale $\int\limits_{A(\gamma)}^{B} d X$ und $\int\limits_{A(\gamma)}^{B} d Y$ verschwinden, damit das Gebiet im Gleichgewicht ist. Wir erhalten mithin für die relativen Verschiebungen zweier Punkte A und B eines lastfreien Randes nach Gl. (9) und (10)

$$\xi_B - \xi_A = \frac{1}{E} \int\limits_{A(\gamma)}^{B} (p \, dx - K dy), \quad \eta_B - \eta_A = \frac{1}{E} \int\limits_{A(\gamma)}^{B} (p \, dy + K \, dx). \quad (15)$$

Wofern also p und K von $1/m$ unabhängig sind, sind auch die Verschiebungen am lastfreien Rand von $1/m$ unabhängig.

Wir kehren zu den Gl. (9) und (10) zurück und lassen die Punkte 1 und 2 zusammenfallen. γ stellt nunmehr einen geschlossenen Linienzug dar. Wir addieren zu Gl. (9) die mit i multiplizierte Gl. (10) und erhalten unter Verwendung von Gl. (8), (11) und (13):

$$\oint\limits_{(\gamma)} d (\xi + i \eta) = \frac{1}{E} \oint\limits_{(\gamma)} f(z) \, dz + \frac{1 + \frac{1}{m}}{E} \oint\limits_{(\gamma)} d \left(- \frac{\partial F}{\partial x} - i \frac{\partial F}{\partial y} \right). \quad (16)$$

Wir betrachten zunächst einen geschlossenen Weg γ_1, der ein Gebiet G_1 umschließt, welches lückenlos vom Material ausgefüllt ist und in welchem keine äußeren Kräfte angreifen. Wir definieren kurz G_1 als »einfach zusammenhängend«. Entsprechend dem physikalisch zu erwartenden Zustand können wir σ_x, σ_y, τ, p, K in G_1 als eindeutig und differenzierbar, kurz als »regulär« voraussetzen. Dann ist auch $f(z)$ in G_1 regulär, und nach dem Cauchyschen Integralsatz verschwindet $\oint\limits_{(\gamma_1)} f(z)\,dz$. Die Integrale

$$\oint\limits_{(\gamma_1)} d\left(\frac{\partial F}{\partial x}\right) \text{ und } \oint\limits_{(\gamma_1)} d\left(\frac{\partial F}{\partial y}\right)$$

geben die Resultierenden der y- und x-Komponenten der am Linienzug γ_1 angreifenden Kräfte an. Damit G_1 im Gleichgewicht ist, müssen auch diese Integrale verschwinden[1]). Mithin wird

$$\oint\limits_{(\gamma_1)} d\,(\xi + i\,\eta) = 0. \quad \dots \dots \quad (17)$$

In lückenlos vom Material ausgefüllten Gebieten, in denen keine äußeren Kräfte angreifen, ist mithin der Verschiebungsvektor stets eindeutig.

Wir betrachten nun einen geschlossenen Weg γ_2 (s. Abb. 38), wobei das gesamte von γ_2 umschlossene Gebiet aus einem äußeren Ringgebiet G_2 und einem inneren Gebiet H besteht.

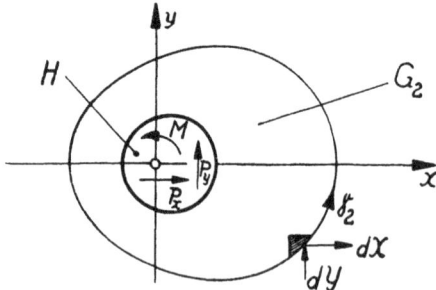

Abb. 38. Das Ringgebiet G_2.

G_2 ist lückenlos vom Material ausgefüllt, und es greifen in G_2 keine äußeren Kräfte an. Wir definieren kurz G_2 als »zweifach zusammenhängend«. Wir können daher voraussetzen, daß G_2 aus lauter G_1 besteht und daß σ_x, σ_y, τ, K in G_2 regulär sind. Über das von G_2 eingeschlossene Gebiet H machen wir keine dieser Voraussetzungen, sondern in H soll ein Loch vorhanden sein, an welchem äußere Kräfte angreifen. Die Resul-

---

[1]) Zu demselben Ergebnis gelangt man auch durch Verwandlung der Linienintegrale in Flächenintegrale.

tierende dieser Kräfte sei P, mit den Komponenten P_x und P_y. In bezug auf die Stelle $z = 0$, die wir zweckmäßig in das Loch verlegen, besitzt P das Moment M.

Aus dem Gleichgewicht des Gebietes G_2 (s. Abb. 38) folgen entsprechend den Gl. (13):

$$P_x = -\oint_{(\gamma_2)} d\,X = -\oint_{(\gamma_2)} d\left(\frac{\partial F}{\partial y}\right), \quad P_y = \oint_{(\gamma_2)} d\left(\frac{\partial F}{\partial x}\right), \quad \ldots \quad (18)$$

$$M = \oint_{(\gamma_2)} (y\,d\,X - x\,d\,Y) = \oint_{(\gamma_2)} \left[y\,d\left(\frac{\partial F}{\partial y}\right) + x\,d\left(\frac{\partial F}{\partial x}\right)\right] \quad \ldots \quad (19)$$

oder

$$M = \oint_{(\gamma_2)} \left[d\left(y\,\frac{\partial F}{\partial y}\right) - d\,y\,\frac{\partial F}{\partial y} + d\left(x\,\frac{\partial F}{d\,x}\right) - d\,x\,\frac{\partial F}{\partial x}\right], \quad \cdot \quad (20)$$

woraus

$$M = \oint_{(\gamma_2)} d\left(x\,\frac{\partial F}{\partial x} + y\,\frac{\partial F}{\partial y} - F\right) \quad \ldots \ldots \ldots \quad (21)$$

folgt.

Wir betrachten nun Gl. (16) mit γ_2 statt γ. Wegen Gl. (18) ist offenbar das rechte Integral der rechten Seite konstant. Dasselbe gilt aber auch für $\oint_{(\gamma_2)} f(z)\,dz$. Da $f(z)$ in G_2 regulär ist und die Stelle $z = 0$ in H liegt, können wir $f(z)$ in die folgende Laurentsche Reihe entwickeln:

$$f(z) = \sum_{-\infty}^{\infty} (a_n + i\,b_n)\,z^n \quad (a_n, b_n \text{ reell}). \quad \ldots \ldots \quad (22)$$

Diese Reihe ist dann für alle z innerhalb G_2 konvergent. Nach dem Residuensatz folgt unmittelbar:

$$\oint_{(\gamma_2)} f(z)\,d\,z = 2\,\pi\,i\,(a_{-1} + i\,b_{-1}). \quad \ldots \ldots \quad (23)$$

Also auch dieses Integral ist konstant und unabhängig vom Weg, wofern er nur innerhalb G_2 liegt und H einmal umschließt. Mit Bezug auf Gl. (16) mit γ_2 statt γ stellen wir daher Folgendes fest:

In Ringgebieten ist der durch Integration gewonnene Verschiebungsvektor nur bis auf einen konstanten Rest eindeutig.

Die Größe dieses Restes (von Reißner[1]) auch »Starrheits-verschiebung« genannt) erhalten wir aus (16), (18) und (23):

$$\oint_{(\gamma_2)} d\,(\xi + i\,\eta) = \xi_0 + i\,\eta_0, \quad \ldots \ldots \quad (24)$$

wobei

$$\xi_0 = -\frac{2\,\pi}{E}\,b_{-1} - \frac{1+\dfrac{1}{m}}{E}\,P_y, \quad \eta_0 = \frac{2\,\pi}{E}\,a_{-1} + \frac{1+\dfrac{1}{m}}{E}\,P_x. \quad (25)$$

Diese Restverschiebung kann physikalisch in folgender Weise gedeutet werden: Eine zweifach zusammenhängende Scheibe sei aufgesägt längs einer beliebigen, vom Innenrand zum Außenrand verlau-fenden Linie und längs einer zweiten Linie, de-ren Punkte (P') gegen-über denen der ersteren (P) die kleinen, für alle Punkte der Schnittlinie gleichen Koordinaten-differenzen ξ_0 und η_0 aufweisen (s. Abb. 39). Durch ideales Verkitten der beiden Kanten mit-einander, wobei die ein-ander entsprechenden Punkte (P und P') nun-mehr zusammenfallen,

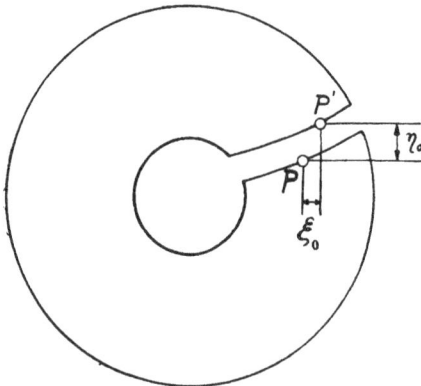

Abb. 39. Der Schlitz zur Erzeugung der Eigenspannungen in der zweifach zu-sammenhängenden Scheibe.

entsteht ein reiner Eigenspannungszustand, wie er dem Sprung $\xi_0 + i\,\eta_0$ des Verschiebungsvektors entspricht. Bei der Inte-gration der Verschiebungsänderungen längs eines H einmal umschließenden Integrationsweges wirkt sich der Schlitz nun als Restverschiebung aus.

Unsere Voraussetzungen, die bei der einfach zusammen-hängenden Scheibe die Eindeutigkeit des Spannungs- und Formänderungszustandes sicherstellten, reichen daher bei Ring-gebieten nicht mehr aus. Trotz der Eindeutigkeit der Span-

---

[1] Reißner, ZAMM, Bd. 11, 1931, Heft 1, S. 1.

nungen und der Verdrehung können in der zweifach zusammenhängenden Scheibe noch Eigenspannungen auftreten. Erst
durch die zusätzlichen Bedingungen $\xi_0 = 0$ und $\eta_0 = 0$ werden
diese Eigenspannungen ausgeschaltet. Wie aus Gl. (25) hervorgeht, sind auf diese Weise die Konstanten a_{-1} und b_{-1}
festgelegt, und zwar werden sie von $1/m$ abhängig, wofern nicht
P_x und P_y verschwinden. Damit wird aber der ganze
Spannungszustand von der Poissonschen Konstanten
abhängig.

Wir suchen nun die allgemeine Form der Spannungsfunktion für die zweifach zusammenhängende Scheibe, um daraus
allgemeine Regeln für den Einfluß der Poissonschen Konstanten abzuleiten. Zu diesem Zweck gehen wir mit

$$z = r\, e^{i\eta} \quad \ldots \ldots \ldots \ldots (26)$$

auf Polarkoordinaten über. Dann folgt aus (22)

$$f(z) = p + i\,K = \sum_{-\infty}^{\infty} r^n\,(a_n + i\,b_n)\,e^{in\eta}. \quad \ldots (27)$$

Mithin wird

$$\Delta F = p = \sum_{-\infty}^{\infty} r^n\,[a_n \cos(n\,\varphi) - b_n \sin(n\,\varphi)]. \quad \ldots (28)$$

Mit Rücksicht hierauf, sowie auf die Gl. (18) und (21) gelangen
wir für F zu folgendem Ansatz:

$$F = A_{-2}\ln r + C_{-2}\,\varphi + (A_{-1}\,y + C_{-1}\,x)\,\varphi + (B_{-1}\,x + D_{-1}\,y)\ln r$$
$$+ \sum_{-\infty}^{\infty} r^n\,[(A_{n-2} + B_n\,r^2)\cos(n\,\varphi) + (C_{n-2} + D_n\,r^2)\sin(n\,\varphi)], \,(29)$$

wobei das Glied $C_{-2}\,\varphi$ das Moment und das Glied $(A_{-1}\,y + C_{-1}\,x)\,\varphi$
die Kräfte P_x und P_y liefert, während die übrigen Glieder
unmittelbar aus der Integration von Gl. (28) folgen. Denn
es wird

$$\Delta F = \frac{\partial^2 F}{\partial r^2} + \frac{1}{r}\frac{\partial F}{\partial r} + \frac{1}{r^2}\frac{\partial^2 F}{\partial \varphi^2} =$$
$$= 2\,(A_{-1} + B_{-1})\,\frac{\cos\varphi}{r} + 2\,(-C_{-1} + D_{-1})\,\frac{\sin\varphi}{r}$$
$$+ \sum_{-\infty}^{+\infty} 4\,(n+1)\,r^n\,[B_n \cos(n\,\varphi) + D_n \sin(n\,\varphi)]. \quad \ldots (30)$$

Gl. (28) ist vollkommen erfüllt, wenn wir setzen

$$a_n = 4(n+1) B_n, \quad b_n = -4(n+1) D_n \quad (n \neq -1), \\ a_{-1} = 2(A_{-1} + B_{-1}), \quad b_{-1} = 2(-C_{-1} + D_{-1})(n = -1). \Bigg\} \quad (31)$$

a_{-1} und b_{-1} sind bereits aus (25) bekannt. Wir erhalten daher:

$$\left. \begin{array}{l} A_{-1} + B_{-1} = \dfrac{E\,\eta_0}{4\,\pi} - \dfrac{1 + \dfrac{1}{m}}{4\,\pi}\, P_x, \\[4mm] -C_{-1} + D_{-1} = -\dfrac{E\,\xi_0}{4\,\pi} - \dfrac{1 + \dfrac{1}{m}}{4\,\pi}\, P_y. \end{array} \right\} \quad \cdots (32)$$

Die Gl. (18) und (21) nehmen, wenn wir als Weg γ_2 einen Kreis $r = $ const wählen, die folgenden Formen an:

$$\left. \begin{array}{l} P_x = -\left(\dfrac{\partial F}{\partial y}\right)_{r,\,\varphi + 2\,\pi} + \left(\dfrac{\partial F}{\partial y}\right)_{r,\,\varphi}, \\[4mm] P_y = \left(\dfrac{\partial F}{\partial x}\right)_{r,\,\varphi + 2\,\pi} - \left(\dfrac{\partial F}{\partial x}\right)_{r,\,\varphi}. \end{array} \right\} \quad \cdots (33)$$

$$M = \left(x\,\dfrac{\partial F}{\partial x} + y\,\dfrac{\partial F}{\partial y} - F\right)_{r,\,\varphi + 2\,\pi} - \left(x\,\dfrac{\partial F}{\partial x} + y\,\dfrac{\partial F}{\partial y} - F\right)_{r,\,\varphi}. \quad (34)$$

Mit Hilfe der bekannten Beziehungen

$$\frac{\partial F}{\partial x} = \cos\varphi\,\frac{\partial F}{\partial r} - \frac{\sin\varphi}{r}\,\frac{\partial F}{\partial \varphi}, \quad \frac{\partial F}{\partial y} = \sin\varphi\,\frac{\partial F}{\partial r} + \frac{\cos\varphi}{r}\,\frac{\partial F}{\partial \varphi} \quad (35)$$

erhalten wir aus (29), (33) und (34)

$$A_{-1} = -\frac{P_x}{2\,\pi}, \quad C_{-1} = \frac{P_y}{2\,\pi}, \quad C_{-2} = -\frac{M}{2\,\pi}. \quad (36)$$

Wegen (32) wird schließlich

$$B_{-1} = \frac{E\,\eta_0}{4\,\pi} + \frac{1 - \dfrac{1}{m}}{4\,\pi}\, P_x, \quad D_{-1} = -\frac{E\,\xi_0}{4\,\pi} + \frac{1 - \dfrac{1}{m}}{4\,\pi}\, P_y. \quad (37)$$

Mithin ergibt sich:

$$F = A_{-2} \ln r - \frac{M}{2\,\pi}\,\varphi + (-P_x\,y + P_y\,x)\,\frac{\varphi}{2\,\pi} + \\[2mm] + \left\{\left[E\,\eta_0 + \left(1 - \frac{1}{m}\right) P_x\right] x + \left[-E\,\xi_0 + \left(1 - \frac{1}{m}\right) P_y\right] y\right\} \frac{\ln r}{4\,\pi} \\[2mm] + \sum_{-\infty}^{\infty} r^n \left[(A_{n-2} + B_n\, r^2) \cos(n\,\varphi) + (C_{n-2} + D_n\, r^2) \sin(n\,\varphi)\right] \\ \cdots (38)$$

Dieser Ausdruck stellt, wie im folgenden gezeigt wird, die allgemeine Lösung der Spannungsfunktion F für die zweifach zusammenhängende Scheibe mit regulären Spannungen und regulärer Verdrehung dar.

Denken wir uns zunächst für den Kreisring die Randspannungen in Fourier-Reihen entwickelt, so stehen bei unserem Ansatz gerade so viele Konstante zur Verfügung, als wir willkürliche Fourier-Koeffizienten haben. Hierbei ist zu berücksichtigen, daß die Fourier-Reihen insofern nicht ganz willkürlich sein dürfen, als die Spannungen an beiden Rändern ein Gleichgewichtssystem bilden müssen, wie ja auch die Spannungsfunktion an jedem Rand die Bedingungen (18) und (21) erfüllt. Gl. (38) entspricht also einer beliebigen Belastung und damit auch beliebigen Spannungen im Innern des Kreisringes, z. B. auch längs zweier Kurven δ_1 und δ_2, die sich nicht schneiden und H je einmal umschließen. Da wir δ_1 und δ_2 als allgemeine Randkurven auffassen können, stellt G. (38) mithin die vollständige Lösung dar. (Bei δ_1 und δ_2 als Randkurven brauchen die Reihen für die Spannungen natürlich nur an allen Punkten innerhalb des zwischen δ_1 und δ_2 gelegenen Gebietes zu konvergieren.)

Der allgemeine Zustand, wie er Gl. (38) entspricht. läßt sich nun folgendermaßen in drei von $1/m$ unabhängige Zustände zerlegen:

a) **Der reine Eigenspannungszustand, hervorgerufen durch ξ_0.**

Beide Ränder sind lastfrei. Es wird

$$P_x = P_y = M = 0. \quad \ldots \ldots \ldots \quad (39)$$

Die Konstanten sind aus den Randbedingungen (14) zu ermitteln. Sie enthalten außer dem gemeinsamen Faktor $E\xi_0$ nur Größen, die mit der Form der Randkurven im Zusammenhang stehen. Der ganze Zustand wird daher mit $E\xi_0$ proportional. Für den Kreisring mit den Rändern $r = a$ und $r = b$ ergibt sich z. B.

$$F_1 = -\frac{E\xi_0}{4\pi}\sin\varphi\left(r\ln r + \frac{a^2 b^2 - r^4}{2(a^2 + b^2)r}\right). \quad \ldots \quad (40)$$

6*

Wir können den Zustand für beliebige Randkurven spannungs-
optisch erfassen durch Anbringen eines Schlitzes und Verbinden der Kanten unter einer Restverschiebung ξ. Der Elastizitätsmodul des Modells sei E_0. Die zugehörigen experimentell
gefundenen Spannungen wollen wir mit σ_1 kennzeichnen. Infolge der Proportionalität von σ_1 mit ξ sind dann die Spannungen σ_I für eine beliebige Restverschiebung ξ_0 und einen
beliebigen Elastizitätsmodul E:

$$\sigma_I = \frac{E\,\xi_0}{E_0\,\xi}\,\sigma_1. \qquad \ldots \ldots \ldots (41)$$

b) Der reine Eigenspannungszustand, hervorgerufen durch η_0.

Wir erhalten den Ausdruck für F_{II} in entsprechender
Weise, diesmal proportional mit $E\eta_0$. Die experimentell einer
Restverschiebung η des Modells entsprechenden Spannungen
σ_2 stehen dann mit den zu einer Restverschiebung η_0 und
einem Elastizitätsmodul E gehörigen Spannungen σ_{II} in folgendem Zusammenhang:

$$\sigma_{II} = \frac{E\,\eta_0}{E_0\,\eta}\,\sigma_2. \qquad \ldots \ldots \ldots (42)$$

c) Der durch eine beliebige Randbelastung
und die Restverschiebungen

$$\xi_0 = \frac{1 - \dfrac{1}{m}}{E}\,P_y \quad \text{und} \quad \eta_0 = -\frac{1 - \dfrac{1}{m}}{E}\,P_x$$

hervorgerufene Zustand.

Wie aus Gl. (38) hervorgeht, wird dieser Zustand ebenfalls von $1/m$ unabhängig, da die Glieder, in denen $1/m$ auf-
trat, in Wegfall kommen. Die Konstanten errechnen sich rest-
los aus der Verteilung der Randkräfte. Die zugehörigen Spannungen wollen wir mit σ_{III} bezeichnen.

Wenn wir nun dem Zustand c) die Zustände a) und b)
derart überlagern, daß die von den Restverschiebungen herrührenden reinen Eigenspannungen wieder rückgängig gemacht
werden, so erhalten wir offenbar den allgemeinen Zustand der

Scheibe mit beliebiger Belastung ohne Eigenspannungen.
Dies ist offenbar der Fall, wenn wir von den Spannungen σ_{III}
die Spannungen σ_I mit $\xi_0 = \dfrac{1 - \dfrac{1}{m}}{E} P_y$ und die Spannungen
σ_{II} mit $\eta_0 = -\dfrac{1 - \dfrac{1}{m}}{E} P_x$ subtrahieren. Die so erhaltenen
Spannungen entsprechen dann einem auch in unserem Ring-
gebiet G_2 eindeutigen Verschiebungsvektor. Wir wollen sie
mit σ bezeichnen. Es ergibt sich

$$\sigma = \sigma_{III} + \frac{1 - \dfrac{1}{m}}{E_0}\left(-\frac{\sigma_1}{\xi} P_y + \frac{\sigma_2}{\eta} P_x\right). \quad . \quad . \quad . \quad (43)$$

Ist $1/m_0$ die Poissonsche Konstante des Modells und sind σ_0
die Spannungen, wie sie sich aus dem spannungsoptischen Versuch am vorspannungsfreien Modell ergeben, so wird entsprechend

$$\sigma_0 = \sigma_{III} + \frac{1 - \dfrac{1}{m_0}}{E_0}\left(-\frac{\sigma_1}{\xi} P_y + \frac{\sigma_2}{\eta} P_x\right). \quad . \quad . \quad . \quad (44)$$

Wir subtrahieren Gl. (44) von Gl. (43) und erhalten

$$\sigma = \sigma_0 + \frac{\dfrac{1}{m} - \dfrac{1}{m_0}}{E_0}\left(\frac{\sigma_1}{\xi} P_y - \frac{\sigma_2}{\eta} P_x\right). \quad . \quad . \quad (45)$$

Wir drehen nunmehr unsere noch willkürlich gelegte Y-Achse
parallel zur Kraft P, so daß $P_y = P$, $P_x = 0$ wird. Die Verschiebung ξ liegt dann immer senkrecht zu P. Wenn wir noch
mit $\dfrac{P}{D}$ statt P die Dicke D der Scheibe berücksichtigen, ergibt
sich:

$$\sigma = \sigma_0 + \frac{\left(\dfrac{1}{m} - \dfrac{1}{m_0}\right) P}{D E_0 \xi} \sigma_1. \quad . \quad . \quad . \quad . \quad . \quad (46)$$

Wir benötigen mithin nur einen Zusatzversuch mit
einer Schlitzverschiebung ξ, die senkrecht zur
Kraft P gerichtet ist.

Suchen wir von vornherein die Spannungen für ein ganz bestimmtes Material mit der Poissonschen Konstanten $1/m$, so ist es einfacher, die Verschiebung

$$\xi = \frac{\left(\dfrac{1}{m} - \dfrac{1}{m_0}\right) P}{D\,E_0} \quad . \quad . \quad . \quad . \quad . \quad . \quad (47)$$

anzubringen (vgl. Abb. 40). Wir erhalten dann unmittelbar aus e i n e m Versuch die für $1/m$ richtigen Spannungen; denn Gl. (46) geht dann über in

$$\sigma = \sigma_0 + \sigma_1 . \quad . \quad . \quad . \quad (48)$$

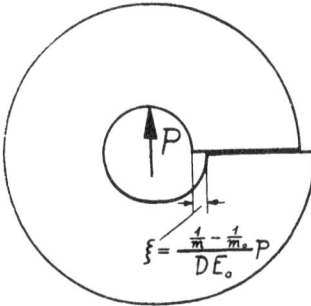

Abb. 40. Die beim zweifach zusammenhängenden Modell anzubringende Schlitzverschiebung.

Allgemein ergibt sich also aus dem Vorhergehenden, daß der Verschiebungsvektor bei regulären Spannungen und regulärer Verdrehung nur dann einen Sprung erleiden kann, wenn in H Kräfte angreifen, die eine Resultierende besitzen. Wir wollen deshalb den Begriff »einfach zusammenhängend« auch auf diejenigen zweifach zusammenhängenden Gebiete erweitern, bei welchen die am Innenrand angreifenden Kräfte gegen Verschieben (nicht gegen Verdrehen) im Gleichgewicht sind. Auf Grund dieser Überlegung können wir unmittelbar auch die Verhältnisse bei mehrfach zusammenhängenden Bereichen erfassen. Wir betrachten zu diesem Zweck eine $(n + 1)$-fach zusammenhängende Scheibe. Die n Löcher wollen wir mit $1, 2, 3, \ldots n$, allgemein mit i numerieren. Wir denken uns zunächst nur Loch 1 belastet und erhalten auf diese Weise einen nur zweifachen Zusammenhang. Die Randkräfte haben die Resultierende P_1. Die zugehörigen Spannungen für beliebiges $1/m$ seien $\overset{1}{\sigma}$. Die zugehörigen gemessenen Spannungen vom Typ σ_0 seien $\overset{1}{\sigma_0}$. Ein Zusatzversuch mit der Restverschiebung ξ_1 eines vom Loch 1 zum Außenrand führenden Schlitzes liefert die Spannungen σ_1. Dann gilt entsprechend Gl. (46)

$$\overset{1}{\sigma} = \overset{1}{\sigma_0} + \frac{\left(\dfrac{1}{m} - \dfrac{1}{m_0}\right) P_1}{D\,E_0\,\xi_1}\,\sigma_1. \quad . \quad . \quad . \quad . \quad (49)$$

Wir machen dieselbe Überlegung nacheinander mit Loch *2, 3* usw. und denken uns vom Außenrand abgesehen immer nur das betrachtete Loch allein belastet.

Für das »*i*«te Loch ergibt sich

$$\overset{i}{\sigma} = \overset{i}{\sigma_0} + \frac{\left(\dfrac{1}{m} - \dfrac{1}{m_0}\right) P_i}{D\,E_0\,\xi_i}\, \sigma_i. \quad \ldots \ldots (50)$$

ξ_i ist jeweils die an dem vom Loch i zum Außenrand führenden Schlitz anzubringende Restverschiebung, die senkrecht zur Resultierenden P_i der im Loch i angreifenden Kräfte gerichtet ist.

Durch Summation erhalten wir

$$\sum_{i=1}^{n} \overset{i}{\sigma} = \sum_{i=1}^{n} \overset{i}{\sigma_0} + \frac{\left(\dfrac{1}{m} - \dfrac{1}{m_0}\right)}{D\,E_0} \cdot \sum_{i=1}^{n} \frac{P_i}{\xi_i}\, \sigma_i. \quad \ldots (51)$$

Aus dem Überlagerungsprinzip folgen

$$\sum_{i=1}^{n} \overset{i}{\sigma} = \sigma, \quad \sum_{i=1}^{n} \overset{i}{\sigma_0} = \sigma_0, \quad \ldots \ldots (52)$$

d. h. die Summe der von den Einzelbelastungen herrührenden Spannungen $\overset{i}{\sigma}$ ist die der Gesamtbelastung entsprechende Spannung σ. Das gleiche gilt für die Modellspannungen σ_0.

Wir erhalten mithin

$$\sigma = \sigma_0 + \frac{\dfrac{1}{m} - \dfrac{1}{m_0}}{D\,E_0} \sum_{i=1}^{n} \frac{P_i}{\xi_i}\, \sigma_i. \quad \ldots \ldots (53)$$

Bei n Löchern sind daher n Zusatzversuche zu machen oder von vornherein n Schlitzverschiebungen

$$\xi_i = \frac{\dfrac{1}{m} - \dfrac{1}{m_0}}{D\,E_0}\, P_i \quad \ldots \ldots \ldots (54)$$

anzubringen.

Für die praktische Forschung ist es wesentlich, die Größenordnung des Fehlers zu kennen, der bei zweifach zusammenhängenden Scheiben auftritt, wenn von der Spannungsverteilung im Modell auf die wirkliche Ausführung geschlossen wird. Zu diesem Zweck betrachten wir noch einmal Gl. (53). Die im Modell (Elastizitätsmodul E_0, Poissonsche Konstante m_0) herrschenden Spannungen σ_0 müssen um die Beträge

$$\frac{\frac{1}{m} - \frac{1}{m_0}}{D\,E_0} \sum_{i=1}^{n} \frac{P_i}{\xi_i}\,\sigma_i$$

vermehrt werden, um die Spannungen für die wirkliche Ausführung (Poissonsche Konstante m) zu erhalten. Ist z. B. das Modell aus Glas mit $m_0 = 4{,}4$ und die wirkliche Ausführung aus Stahl mit $m = 10/3$, so wird der Faktor

$$\frac{1}{m} - \frac{1}{m_0} = 0{,}3 - 0{,}23 = 0{,}07.$$

Aus theoretisch erfaßbaren Spannungszuständen weiß man nun, daß der zweite Faktor des Korrekturgliedes, also

$$\frac{1}{D\,E_0} \sum_{i=1}^{n} \frac{P_i}{\xi_i}\,\sigma_i$$

in der Regel kleiner als σ_0 wird. Bei der direkten Übertragung der Versuchsergebnisse von Glas auf Stahl ist demnach n u r e i n e A b w e i c h u n g v o n w e n i g e r a l s 7% zu erwarten, so daß es sich in den meisten Fällen nicht lohnt, von dem Korrekturverfahren Gebrauch zu machen.

13. Die Hauptspannungslinien als Stromlinien.

Wie aus dem bisherigen hervorgeht, sind die Hauptspannungslinien das anschaulichste Darstellungsmittel des ebenen Spannungszustandes. Der Grund hierfür liegt in der sehr naheliegenden Vorstellung von Kraftlinien, die die Richtung des Kraftflusses angeben. Diese Vorstellung ist sehr geeignet, das Verständnis für den ebenen Spannungszustand zu erleichtern; jedoch ist sie nur eine Hilfsvorstellung, die streng genommen für den Spannungsverlauf nicht zutrifft; denn wie schon aus der Ableitung der Gleichgewichtsbedingungen hervorging, besteht nicht nur eine Kraftübertragung in der einen Richtung (σ_1), sondern zugleich auch in der Querrichtung (σ_2). Die Hauptspannungslinien vermitteln daher streng genommen keine

Vorstellung vom wirklichen Kraftfluß, sondern nur dann, wenn man näherungsweise die Querspannung σ_2 als genügend klein gegenüber σ_1 vernachlässigt. Der hierbei begangene Fehler hängt von der Größe $\frac{\sigma_2}{\sigma_1}$ ab. Am lastfreien Rand ist $\sigma_2 = 0$, so daß $\frac{\sigma_2}{\sigma_1} = 0$ wird, wofern nicht zugleich auch $\sigma_1 = 0$ ist. Wir begehen dort in der Tat keinen Fehler, wenn wir die Hauptspannungslinien in der unmittelbaren Nähe als Kraftlinien auffassen. Die Randspannung ist dann umgekehrt proportional dem Abstand der Hauptspannungslinien vom Rand. Wir werden hierauf an Hand der geometrischen Beziehungen für orthogonale Netze noch einmal zurückkommen. Im Innern jedoch ist an vielen Stellen, insbesondere in der Umgebung singulärer Punkte (dort wird $\frac{\sigma_2}{\sigma_1} = 1$) die Kraftlinienvorstellung nicht mehr haltbar.

Andererseits liegt es sehr nahe, den ebenen Spannungszustand mit dem Strömungszustand bei der ebenen Potentialströmung zu vergleichen, wobei die Spannung der Strömungsgeschwindigkeit und die Spannungslinien den Stromlinien entsprechen würden. Die konsequente Durchführung dieses Gleichnisses führt ebenfalls zur Vernachlässigung der zweiten Hauptspannung. Die erste Gleichgewichtsbedingung entspricht der Kontinuitätsgleichung, während die zweite Gleichgewichtsbedingung und die elastische Formänderung unberücksichtigt bleiben. Das Spannungs-Strömungs-Gleichnis ist daher ebensowenig haltbar wie die Kraftlinienvorstellung.

Wir sehen also, daß wir keine einfache Vorstellung an die Hauptspannungslinien knüpfen können, die dem Wesen des ebenen Spannungszustandes gerecht wird. Die allgemeine Deutung des Zusammenhanges zwischen Hauptspannungslinien und Spannungen ist auch in der Tat so verwickelt, daß wir hier nicht darauf eingehen wollen. Um trotzdem dem Leser eine gewisse Vorstellung von diesem Zusammenhang vermitteln zu können, wollen wir jetzt von einer ganz anderen Seite an das Problem herangehen. Indem wir von den allgemeinen Differentialgleichungen der Hauptspannungslinien ausgehen, wollen wir jene speziellen Spannungszustände näher untersuchen, bei denen diese Differentialgleichungen übergehen in die Differentialgleichung der Stromlinien bei der ebenen Potentialströmung, bei denen also die Hauptspannungslinien wirklich Stromlinien sind. Hierbei werden wir die allgemeinen elastischen Gleichungen verwenden und zwar ohne die Vereinfachungen, die mit dem Spannungs-Strömungs-Gleichnis verbunden wären. An Hand von einzelnen Beispielen werden wir dann jeweils den Zusammenhang zwischen Spannungslinien und Spannungen deuten. Es wird sich dann zeigen, daß er in der Regel zwar verhältnismäßig einfach ist, aber in jedem einzelnen Falle anders und abweichend von der einfachen Kraftlinienvorstellung.

Wir gehen hierbei aus von geometrischen Beziehungen, wie sie zunächst für jedes orthogonale Netz gelten. Denken wir uns in unserem Koordinatensystem x, y zwei differenzierbare Ortsfunktionen $u\,(x, y)$ und $v\,(x, y)$ definiert, derart, daß längs der Hauptspannungslinien *1* $v =$ const ist und entsprechend $u =$ const für die Linien *2*. Die Gleichungen

$$u = u\,(x, y), \quad v = v\,(x, y) \quad\ldots\ldots\ldots (1)$$

können wir uns dann auch nach x und y aufgelöst denken, so daß

$$x = x\,(u, v), \quad y = y\,(u, v) \quad\ldots\ldots\ldots (2)$$

wird. Gehen wir auf einer Linie *1* um ein Linienelement ds_1 weiter, so bleibt dabei der Wert von v der gleiche; dagegen ändert sich der Wert von u um das Differential du. Gehen wir noch einmal um die gleiche Strecke weiter, also insgesamt um $2\,ds_1$, so wird sich, da wir Differenzierbarkeit voraussetzen, auch u wieder um den gleichen Betrag du, also insgesamt um $2\,du$ ändern, d. h. im Unendlich-Kleinen besteht an jeder Stelle Proportionalität zwischen ds_1 und du bzw. ds_2 und dv. Die Proportionalitätsfaktoren sind natürlich an jeder Stelle anders und müssen wieder als Ortsfunktionen aufgefaßt werden. Wir bezeichnen sie hier mit h_u und h_v, derart, daß

$$ds_1 = h_u\,d\,u, \quad ds_2 = h_v\,d\,v \quad\ldots\ldots (3)$$

wird. h_u und h_v geben gewissermaßen die Maßstäbe an, mit deren Hilfe die Länge einer nach u- und v-Werten bestimmten kleinen Strecke ermittelt werden kann. Sie tragen der krummlinigen Verzerrung Rechnung und werden am besten als Verzerrungsfaktoren bezeichnet.

Wir betrachten nun in Abb. 41 die x- und y-Komponenten der Linienelemente $h_u\,d\,u$ und $h_v\,d\,v$. Ist φ der Winkel zwischen der x-Achse und Richtung *1*, so wird

$$\left. \begin{array}{l} \cos \varphi = \dfrac{1}{h_u} \dfrac{\partial x}{\partial u} = \dfrac{1}{h_v} \dfrac{\partial y}{\partial v} \\[2mm] \sin \varphi = - \dfrac{1}{h_v} \dfrac{\partial x}{\partial v} = \dfrac{1}{h_u} \dfrac{\partial y}{\partial u} \end{array} \right\} \quad (4)$$

Durch Quadrieren ergibt sich

$$\left. \begin{array}{l} h_u{}^2 = \left(\dfrac{\partial x}{\partial u}\right)^2 + \left(\dfrac{\partial y}{\partial u}\right)^2 \\[2mm] h_v{}^2 = \left(\dfrac{\partial x}{\partial v}\right)^2 + \left(\dfrac{\partial y}{\partial v}\right)^2 \end{array} \right\} \cdot \cdot (5)$$

Differenzieren wir Gl. (4) nach u, so wird

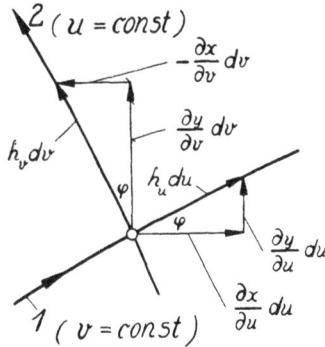

Abb. 41. Die Komponenten der Linienelemente der Hauptspannungslinien in den x-y-Richtungen.

$$- \sin \varphi \, \frac{\partial \varphi}{\partial u} = \frac{1}{h_v} \frac{\partial^2 y}{\partial u \partial v} - \frac{\partial y}{\partial v} \cdot \frac{1}{h_v{}^2} \frac{\partial h_v}{\partial u}, \quad \dots \ (6)$$

$$\cos \varphi \, \frac{\partial \varphi}{\partial u} = - \frac{1}{h_v} \frac{\partial^2 x}{\partial u \partial v} + \frac{\partial x}{\partial v} \cdot \frac{1}{h_v{}^2} \frac{\partial h_v}{\partial u}. \quad \dots \ (7)$$

Wir multiplizieren sinngemäß mit Gl. (4) und erhalten

$$- \sin^2 \varphi \, \frac{\partial \varphi}{\partial u} = \frac{1}{h_u h_v} \frac{\partial y}{\partial u} \frac{\partial^2 y}{\partial u \partial v} + \frac{1}{h_v{}^3} \frac{\partial x}{\partial v} \frac{\partial y}{\partial v} \frac{\partial h_v}{\partial u} \quad \dots \ (8)$$

und

$$\cos^2 \varphi \, \frac{\partial \varphi}{\partial u} = - \frac{1}{h_u h_v} \frac{\partial x}{\partial u} \frac{\partial^2 x}{\partial u \partial v} + \frac{1}{h_v{}^3} \frac{\partial x}{\partial v} \frac{\partial y}{\partial v} \frac{\partial h_v}{\partial u}. \quad (9)$$

Durch Subtrahieren ergibt sich

$$\frac{\partial \varphi}{\partial u} = - \frac{1}{h_u h_v} \left(\frac{\partial x}{\partial u} \frac{\partial^2 x}{\partial u \partial v} + \frac{\partial y}{\partial u} \frac{\partial^2 y}{\partial u \partial v} \right)$$

$$= - \frac{1}{2 h_u h_v} \frac{\partial}{\partial v} \left(\left(\frac{\partial x}{\partial u}\right)^2 + \left(\frac{\partial y}{\partial u}\right)^2 \right). \quad \dots \ (10)$$

oder mit Rücksicht auf Gl. (5)

$$\frac{\partial \varphi}{\partial u} = - \frac{1}{h_v} \frac{\partial h_u}{\partial v}. \quad \dots \dots \ (11)$$

Ebenso ergibt sich

$$\frac{\partial \varphi}{\partial v} = \frac{1}{h_u} \frac{\partial h_v}{\partial u} \quad \dots \dots \dots \quad (12)$$

Wir wollen nun die Differentialgleichung der Stromlinien bei der ebenen Potentialströmung ableiten. u spielt dann die Rolle der Stromfunktion, die längs der Stromlinien konstant ist, und genügt bekanntlich der Differentialgleichung $\Delta u = 0$. Gehen wir auf einer Stromlinie $u = $ const um ein Linienelement $h_v\, dv$ mit den Komponenten dx und dy weiter, so wird, da sich u nicht ändert,

$$\frac{1}{h_v} \frac{\partial u}{\partial v} = 0 = \frac{\partial u}{\partial x} \frac{\partial x}{\partial v} + \frac{\partial u}{\partial y} \frac{\partial y}{\partial v} \quad \dots \dots \quad (13)$$

Mithin wird mit Bezug auf Gl. (4)

$$\frac{\dfrac{\partial u}{\partial y}}{\dfrac{\partial u}{\partial x}} = -\frac{\dfrac{\partial x}{\partial v}}{\dfrac{\partial y}{\partial v}} = \operatorname{tg} \varphi \quad \dots \dots \quad (14)$$

oder

$$\varphi = \operatorname{arc\,tg} \frac{\dfrac{\partial u}{\partial y}}{\dfrac{\partial u}{\partial x}} \quad \dots \dots \dots \quad (15)$$

Bilden wir hieraus $\Delta \varphi = \dfrac{\partial^2 \varphi}{\partial x^2} + \dfrac{\partial^2 \varphi}{\partial y^2}$, so wird die rechte Seite der Gleichung wegen $\Delta u = 0$ gleich Null. Mithin wird auch

$$\Delta \varphi = 0. \quad \dots \dots \dots \dots \quad (16)$$

Dies stellt die Gleichung der Stromlinien dar. Wenn die Hauptspannungslinien wirklich Stromlinien sind, **muß dieselbe Gleichung für φ als Winkel zwischen der Hauptspannungsrichtung _1_ und der x-Achse bestehen.**

Nun ist diese Gleichung für φ in der Tat zugleich ein mögliches Integral der allgemeinen Differentialgleichungen der Hauptspannungslinien. Um dies zu beweisen, nehmen wir Bezug auf die Gl. (3) von I, 2. Aus diesen beiden Gleichungen 1. Ordnung können, wie dort bereits erwähnt wurde, 2 Gleichungen 2. Ordnung in q und φ abgeleitet werden. Aus diesen lassen sich durch weiteres Differenzieren sämtliche Ableitungen von q eliminieren. Wir erhalten auf diese Weise als allgemeines und charakteristisches Gleichungssystem der Hauptspannungslinien und damit auch der Isoklinen drei Differentialgleichungen 6. Ordnung in φ. Ihre Form ist so verwickelt, daß wir davon absehen, sie hier aufzuführen. Ein ähnliches Gleichungstripel 6. Grades ergibt sich für die Isochromaten in q durch Elimination der Ableitungen von φ. Bemerkenswert ist, daß sich das Gleichungstripel 6. Ordnung in φ auch als ein Gleichungstripel 4. Ordnung in $\varDelta \varphi$ schreiben läßt, d. h. es läßt sich zeigen, daß $\varDelta \varphi = 0$ eine Lösung ist.

Diejenigen Spannungszustände, bei denen die Hauptspannungslinien der Gleichung $\varDelta \varphi = 0$, also der Differentialgleichung der Stromlinien genügen, wollen wir jetzt näher untersuchen. φ ist also jetzt harmonisch, und es existiert auch eine konjugierte Funktion. Betrachten wir die Gl. (11) und (12), so sehen wir leicht ein, daß diese Bedingungen offenbar immer dann erfüllt sind, wenn

$$h_u = h_v = h \quad \ldots \ldots \ldots \ldots (17)$$

gesetzt werden kann, d. h. wenn das Netz in ein Netz mit quadratischen Maschen (isometrisches Netz) verwandelt werden kann. Dann gehen nämlich die Gl. (11) und (12) über in

$$\frac{\partial \varphi}{\partial u} = -\frac{1}{h} \frac{\partial h}{\partial v} = -\frac{\partial}{\partial v} (\ln h), \quad \frac{\partial \varphi}{\partial v} = \frac{\partial}{\partial u} (\ln h). \quad (18)$$

Durch Differenzieren folgt

$$\varDelta^* u = 0 \quad \text{und} \quad \varDelta^* (\ln h) = 0, \quad \ldots \ldots (19)$$

wobei

$$\varDelta^* = \frac{\partial^2}{\partial u^2} + \frac{\partial^2}{\partial v^2} \quad \ldots \ldots \ldots (20)$$

bedeutet. Da sich zeigen läßt, daß

$$\varDelta^* = h^2 \varDelta = h^2 \left(\frac{\partial^2}{\partial y^2} + \frac{\partial^2}{\partial z^2} \right) \quad \ldots \ldots (21)$$

ist, so ist (19) in der Tat nichts anderes als unsere Differentialgleichung der Stromlinien. In h ist demnach die zu φ konjugierte Funktion.

Wir gehen jetzt auf die Gleichgewichtsbedingungen (13) von II, 8 über und schreiben sie zunächst in allgemeiner Form mit Verwendung der Beziehungen (3):

$$\frac{1}{h_u}\frac{\partial \sigma_1}{\partial u} + (\sigma_1 - \sigma_2)\frac{1}{h_v}\frac{\partial \varphi}{\partial v} = 0, \quad \frac{1}{h_v}\frac{\partial \sigma_2}{\partial v} + (\sigma_1 - \sigma_2)\frac{1}{h_u}\frac{\partial \varphi}{\partial u} = 0. \quad (22)$$

An dieser Stelle wollen wir noch einmal auf die einfache Kraftlinienvorstellung zurückkommen und an Hand der obigen Beziehungen zeigen, daß dann in der Tat die Spannung umgekehrt proportional dem Abstand der Hauptspannungslinien ist. Mit $\sigma_2 = 0$ ergibt sich nämlich aus (22) mit Rücksicht auf (12)

$$\frac{1}{h_u}\frac{\partial \sigma_1}{\partial u} + \sigma_1 \cdot \frac{1}{h_u h_v}\frac{\partial h_v}{\partial u} = 0 \quad \ldots \ldots \quad (23)$$

oder

$$h_v \frac{\partial \sigma_1}{\partial u} + \sigma_1 \frac{\partial h_v}{\partial u} = \frac{\partial}{\partial u}(\sigma_1 \cdot h_v) = 0 \quad \ldots \ldots \quad (24)$$

oder schließlich

$$\sigma_1 = \frac{c}{h_v} \cdot \quad \ldots \ldots \ldots \ldots \ldots \ldots \quad (25)$$

Da h_v wegen (3) dem Abstand der Hauptspannungslinien proportional ist, haben wir hiermit obige Behauptung bewiesen. Am lastfreien Rand, wo die Bedingung $\sigma_2 = 0$ verwirklicht ist, tritt also dieser Fall in der Tat ein.

Wir kehren nun zu den Gl. (22) in ihrer exakten Form wieder zurück, wollen aber jetzt voraussetzen, daß die Hauptspannungslinien der Stromliniengleichung genügen. Wegen (17) und (18) wird dann

$$\frac{\partial \sigma_1}{\partial u} + (\sigma_1 - \sigma_2)\frac{\partial \ln h}{\partial u} = 0, \quad \frac{\partial \sigma_2}{\partial v} - (\sigma_1 - \sigma_2)\frac{\partial \ln h}{\partial v} = 0. \quad (26)$$

Machen wir noch von

$$\sigma_1 = \frac{p+q}{2}, \quad \sigma_2 = \frac{p+q}{2} \cdot \quad \ldots \ldots \quad (27)$$

Gebrauch und schreiben einfacher p_u, p_v usw. statt $\frac{\partial p}{\partial u}, \frac{\partial p}{\partial v}$ usw., so ergibt sich:

$$p_u + q_u + \frac{2q}{h}(h)_u = 0, \quad p_v - q_v - \frac{2q}{h}(h)_v = 0 \quad (28)$$

oder

$$p_u = - \frac{1}{h^2}(q\,h^2)_u, \quad p_v = \frac{1}{h^2}(q\,h^2)_v. \quad \ldots (29)$$

Differenzieren wir die erste dieser Gleichungen nach u und die zweite nach v, so ergibt sich wegen $p_{uu} + p_{vv} = \varDelta^* p = h^2\,\varDelta\,p = 0$ (entsprechend Gl. (9), I, 1):

$$\left[\frac{1}{h_2}(q\,h^2)_u\right]_u - \left[\frac{1}{h^2}(q\,h^2)_v\right]_v = 0. \quad \ldots \ldots (30)$$

Andererseits kann p auch eliminiert werden, indem wir die erste der Gl. (29) nach v und die zweite nach u differenzieren und beide voneinander subtrahieren. Dann erhalten wir

$$\left[\frac{1}{h^2}(q\,h^2)_u\right]_v + \left[\frac{1}{h^2}(q\,h^2)_v\right]_u = 0. \quad \ldots \ldots (31)$$

Um diese beiden Gleichungen bequem integrieren zu können, gehen wir jetzt zweckmäßig wieder auf die Koordinaten x, y über. Dabei ist zunächst zu beachten, daß für jede differenzierbare Funktion f

$$f_u = \frac{\partial x}{\partial u}f_x + \frac{\partial y}{\partial u}f_y \quad \text{und} \quad f_v = \frac{\partial x}{\partial v}f_x + \frac{\partial y}{\partial v}f_y \quad (32)$$

gilt. Hieraus folgen mit Hilfe von (4) und (17):

$$f_u = h\cos\varphi\cdot f_x + h\sin\varphi\cdot f_y, \quad f_v = -h\sin\varphi\,f_x + h\cos\varphi\,f_y. \quad (33)$$

Wir schreiben jetzt Gl. (30) auf Grund dieser Beziehungen um und erhalten zunächst

$$\left(h\cos\varphi\,\frac{\partial}{\partial x} + h\sin\varphi\,\frac{\partial}{\partial y}\right)\left[\frac{\cos\varphi}{h}(q\,h^2)_x + \frac{\sin\varphi}{h}(q\,h^2)_y\right] -$$
$$- \left(-h\sin\varphi\,\frac{\partial}{\partial x} + h\cos\varphi\,\frac{\partial}{\partial y}\right)\left[-\frac{\sin\varphi}{h}(q\,h^2)_x + \frac{\cos\varphi}{h}(q\,h^2)_y\right] = 0$$
$$\ldots (34)$$

oder

$$\cos 2\varphi\left[(q\,h^2)_{xx} - (q\,h^2)_{yy}\right] + 2\sin 2\varphi\,(q\,h^2)_{xy} +$$
$$+ \left[\left(\frac{\cos\varphi}{h}\right)_u + \left(\frac{\sin\varphi}{h}\right)_v\right](q\,h^2)_x + \left[\left(\frac{\sin\varphi}{h}\right)_u - \left(\frac{\cos\varphi}{h}\right)_v\right](q\,h^2)_y = 0.$$
$$\ldots (35)$$

Nun ist wegen (18)

$$\left(\frac{\cos\varphi}{h}\right)_u + \left(\frac{\sin\varphi}{h}\right)_v =$$
$$= \frac{\cos\varphi}{h}\left[\frac{\partial\varphi}{\partial v} - \frac{\partial\ln h}{\partial u}\right] + \frac{\sin\varphi}{h}\left[-\frac{\partial\varphi}{\partial u} - \frac{\partial\ln h}{\partial v}\right] = 0 \quad (36)$$

und ebenso

$$\left(\frac{\sin \varphi}{h}\right)_u - \left(\frac{\cos \varphi}{h}\right)_v = 0. \quad \ldots \ldots \quad (37)$$

Mithin wird

$$\cos 2\varphi \left[(q h^2)_{xx} - (q h^2)_{yy}\right] + \sin 2\varphi \cdot 2 (q h^2)_{xy} = 0. \quad (38)$$

Gl. (31) liefert auf demselben Wege

$$\sin 2\varphi \left[(q h^2)_{xx} - (q h^2)_{yy}\right] - \cos 2\varphi \cdot 2 (q h^2)_{xy} = 0. \quad (39)$$

Aus (38) und (39) folgen schließlich

$$(q h^2)_{xx} = (q h^2)_{yy} \quad \ldots \ldots \ldots \quad (40)$$

und

$$(q h^2)_{xy} = 0. \quad \ldots \ldots \ldots \quad (41)$$

Diese beiden Gleichungen, welche auf einem anderen Wege zuerst Neményi[1]) entdeckte, haben die einfache Lösung

$$q h^2 = A (x^2 + y^2) + B x + C y + D. \quad \ldots \quad (42)$$

Somit wird

$$q = \sigma_1 - \sigma_2 = \frac{A (x^2 + y^2) + B x + C y + D}{h^2}. \quad (43)$$

Die Hauptschubspannung ist also bei isometrischen Hauptspannungslinien umgekehrt proportional dem Quadrate des Abstandes der Hauptspannungslinien und zugleich proportional mit $A (x^2 + y^2) + B x + C y + D$.

Für die Spannungssumme ergibt sich aus (29)

$$p = \sigma_1 + \sigma_2 = - \int_{\substack{u_0 \\ (v=\text{const})}}^{u} \frac{d \left[A (x^2 + y^2) + B x + C y\right]}{h^2}$$

$$= \int_{\substack{v_0 \\ (u=\text{const})}}^{v} \frac{d \left[A (x^2 + y^2) + B x + C y\right]}{h^2}. \quad (44)$$

Setzt man $A = B = C = 0$, so ergibt sich mit $p = $ const und $q = $ const/h^2 ein Typ, der von L. Föppl[2] als »Harmonische Spannungszustände« gekennzeichnet wurde.

---

[1]) P. Neményi, Zeitschr. angew. Math. Mech., 1933, S. 364.
[2]) L. Föppl, Zeitschr. angew. Math. Mech. 1931, S. 81.

Da am lastfreien Rand, wie wir oben gezeigt haben, die Spannung und wegen $p = \pm q$ auch die Hauptschubspannung umgekehrt proportional h sein muß, so ergibt durch Kombination von (25) mit (43) die folgende Randbedingung der isometrischen Hauptspannungslinien:

$$A(x^2 + y^2) + Bx + Cy + D = ch$$

oder

$$h = \frac{1}{c}[A(x^2 + y^2) + Bx + Cy + D] \cdot \cdot \cdot (45)$$

Wir können uns jetzt auch von der Größe h freimachen, indem wir mit (45) in (25) eingehen. Wir erhalten dann die Randbedingung in einer Form, die vom Koordinatensystem unabhängig ist und der im Rand wirkenden Normalspannung einen ganz bestimmten Verlauf vorschreibt, nämlich:

$$\sigma_1 = \frac{c^2}{A(x^2 + y^2) + Bx + Cy + D} \cdot \cdot \cdot \cdot (46)$$

Zeigt sich beispielsweise beim spannungsoptischen Versuch, daß der Verlauf der Randspannung dieser Bedingung genügt, so besteht die Möglichkeit, daß die Hauptspannungslinien isometrisch sind.

Weitere Bedingungen müssen am belasteten Rand erfüllt sein, indem die dort eingeleiteten Kräfte derart verteilt sein müssen, daß sich die Gl. (44) mit einer ganz bestimmten Wahl der Konstanten befriedigen lassen.

Der Rand mit konstanter Normalbelastung läßt sich in derselben Weise behandeln wie der lastfreie Rand. Wir setzen in (22) $\sigma_2 = c_1$, dann ergeben sich Beziehungen, die mit (23) bis (25) übereinstimmen, wenn wir lediglich $\sigma_1 - c_1$ statt σ_1 setzen.

Es wird

$$q = \sigma_1 - c_1 = \frac{c}{h_v} = \frac{c}{h} \cdot \cdot \cdot \cdot \cdot \cdot \cdot \cdot \cdot (47)$$

Zusammen mit (43) ergibt sich

$$h = \frac{A(x^2 + y^2) + Bx + Cy + D}{c} \cdot \cdot \cdot \cdot (48)$$

und

$$\sigma_1 = \frac{c^2}{A(x^2 + y^2) + Bx + Cy + D} + c_1. \quad (49)$$

Wir wollen nun das Ergebnis an Hand einiger Beispiele diskutieren. Gehen wir mit

$$x = e^u \cos v, \quad y = e^u \sin v \quad\dots\dots (50)$$

auf Polarkoordinaten über, so wird $h_u = h_v = h = e^u = \sqrt{x^2 + y^2}$ und wir erhalten aus (43)

$$q = A + B\frac{\cos v}{h} + C\frac{\sin v}{h} + D\frac{1}{h^2}. \quad\dots\dots (51)$$

Aus (44) ergibt sich dann

$$p = -2A \ln h + B\frac{\cos v}{h} + C\frac{\sin v}{h} + E. \quad\dots (52)$$

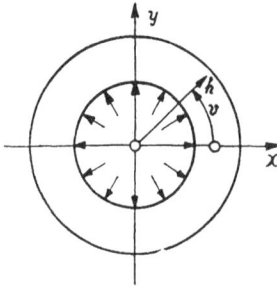

Abb. 42. Das Rohr unter Innendruck, ein Stromlinienspannungszustand.

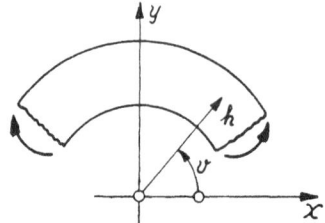

Abb. 43. Der Kreisring bei reiner Biegung, ein Stromlinienspannungszustand.

Mit $A = B = C = 0$ handelt es sich um den Spannungszustand im **Rohr unter Innendruck** (Abb. 42).

Der Fall $B = C = 0$ entspricht dem **Kreisring bei reiner Biegung** (Abb. 43).

Der Fall $A = D = E = 0$ entspricht dem in der **Spitze belasteten Keil** (Abb. 44).

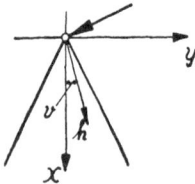

Man überzeugt sich jeweils leicht von der Erfüllbarkeit der Randbedingungen.

Abb. 44. Der in der Spitze belastete Keil, ein Stromlinienspannungszustand.

Zum Schluß sei noch ein weiteres Beispiel in Ellipsenkoordinaten angegeben. Setzen wir

$$x = \mathfrak{Sin}\, u \cos v, \quad y = \mathfrak{Cof}\, u \sin v, \quad\dots\dots (53)$$

so sind die Linien $u = $ const Ellipsen und die Linien $v = $ const Hyperbeln. Ferner wird

$$h_u = h_v = h = \sqrt{\mathfrak{Sin}^2 u + \cos^2 v}. \quad\dots\dots (54)$$

Setzen wir $A = C = D = 0$, so wird

$$q = B \frac{x}{h^2} \cdot \qquad \ldots \ldots \ldots \quad (55)$$

Aus

$$p_u = -\frac{B}{h^2} \frac{\partial x}{\partial u}, \quad p_r = \frac{B}{h^2} \frac{\partial x}{\partial v} \quad \ldots \ldots \quad (56)$$

ergibt sich

$$p = \frac{B}{2} \text{ arc sin } \frac{2 x}{h^2} = \frac{B}{2} \text{ arc tg } \frac{2 x}{x^2 + y^2 - 1} \cdot \ldots \quad (57)$$

Am Rand $x = 0$ wird

$$\left. \begin{array}{l} p = 0 \\ q = 0 \end{array} \right\} \text{ für } y^2 > 1, \quad \left. \begin{array}{l} p = \frac{B}{2} \pi \\ q = 0 \end{array} \right\} \text{ für } y^2 < 1. \quad (58)$$

Der Rand $x = 0$ ist daher für $-1 < y < +1$ konstant belastet und im übrigen lastfrei. Es handelt sich also um den Spannungszustand in einer Scheibe mit geradlinigem Rand, der längs einer ganz bestimmten Strecke durch eine gleichmäßig verteilte Last auf Druck beansprucht ist, wie er schon in I, 4 und II, 9 besprochen wurde (vgl. Abb. 8 und 25).

Außer diesen Beispielen gibt es noch eine ganze Reihe anderer Fälle, bei denen die Hauptspannungslinien derselben Differentialgleichung genügen wie die Stromlinien der ebenen Potentialströmung. Jedoch handelt es sich immer nur um ganz spezielle Fälle. Die Behandlung ebener Spannungszustände aufgrund äußerlich ähnlicher Strömungsvorgänge mit Hilfe der Beziehungen (43) und (44) ist nur dann möglich, wenn die Randbedingungen (45) und (46) erfüllt sind. Dies ist aber in der Regel nicht der Fall. Die wissenschaftliche Erforschung des ebenen Spannungszustandes wird daher immer von der exakten und dabei verhältnismäßig einfachen spannungsoptischen Methode Gebrauch machen.

7*

IV. Anwendung der Spannungsoptik in der Festigkeitslehre.

14. Die wichtigsten Ergebnisse der bisherigen spannungsoptischen Untersuchungen im Münchner Mechanisch-Technischen Laboratorium.

Die Arbeiten von C. v. Widdern[1]), H. Kurzhals[2]) und L. Kettenacker[3]) erstreckten sich auf die Spannungsverteilung in auf Biegung beanspruchten Stabecken.

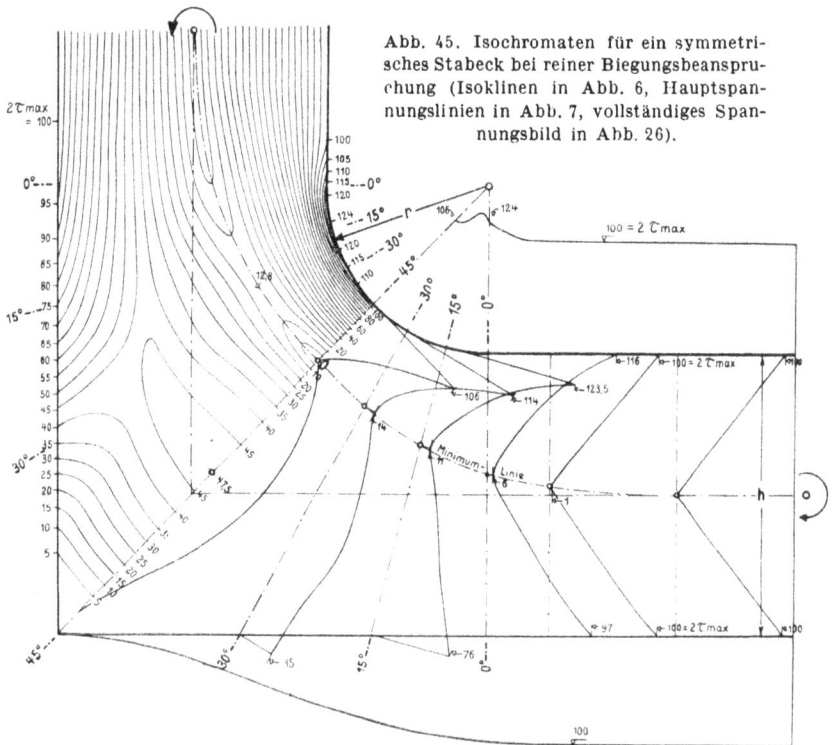

Abb. 45. Isochromaten für ein symmetrisches Stabeck bei reiner Biegungsbeanspruchung (Isoklinen in Abb. 6, Hauptspannungslinien in Abb. 7, vollständiges Spannungsbild in Abb. 26).

[1]) H. C. v. Widdern, Mitt. Mech.-Techn. Labor. Techn. Hochsch. München, Heft 34, 1930, S. 4. Münchner Dissertation.

[2]) H. Kurzhals, ebenda, Heft 35, München 1931, S. 14. Münchner Dissertation.

[3]) L. Kettenacker, Forschung auf dem Gebiete des Ingenieurwesens, 1932, S. 71. Münchner Dissertation.

C. v. Widdern behandelte das Stabeck mit gleichbreiten
Schenkeln (»symmetrisches Stabeck«) bei reiner Biegungs-

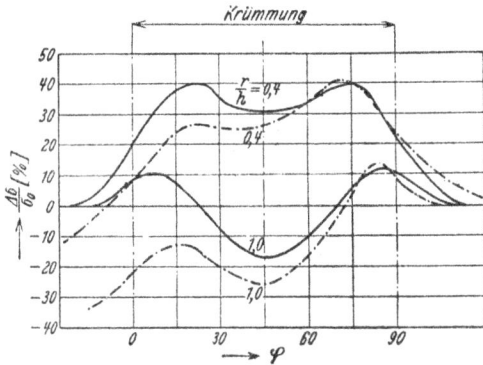

Abb. 46. Der Span-
nungsverlauf am In-
nenrande auf Biegung
beanspruchter sym-
metrischer Stabecke
für reine Biegung
(——, Belastungssche-
ma und Bezeichnun-
gen in Abb. 26) und
für Biegung durch
Einzellast (—·—·—,
vgl. Abb. 28). Die
Spannungserhöhung
ist über dem abge-
wickelten Rand auf-
getragen.

beanspruchung. Abb. 6
und 7 von I, 3 zeigen Isoklinen und Hauptspan-
nungslinien, ferner zeigt
Abb. 45 die Isochromaten
für das Ausrundungsver-
hältnis $r/h = 0,6$. Das zugehörige p-K-Netz wurde
bereits in II, 9 (Abb. 26
und 27) besprochen.

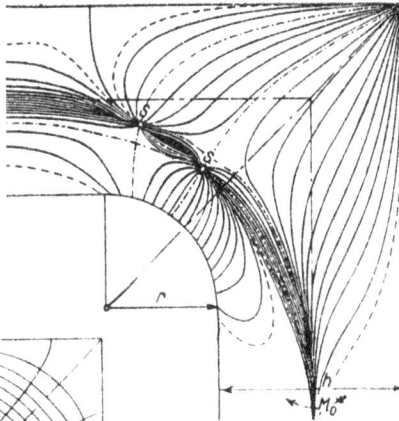

Abb. 47. Isoklinen für ein symmetrisches Stabeck bei Biegung durch Einzellast (vgl.
Abb. 28).

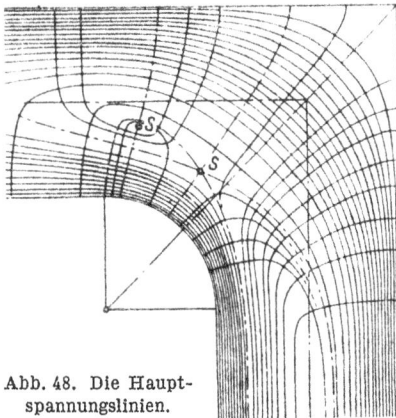

Abb. 48. Die Haupt-
spannungslinien.

Das wertvollste Er-
gebnis dieser Arbeit ist
die genaue Ermittlung
des Spannungsverlaufs
am Innenrande, wo ge-
genüber dem geraden

Stabteil beträchtliche Spannungserhöhungen auftreten. Abb. 46 gibt den Spannungsverlauf für $r/h = 1,0$ und 0,4 wieder. Der Spannungshöchstwert liegt nicht in der Krümmungsmitte; dort tritt ein lokales Minimum auf, während zu beiden Seiten der Symmmetrielinie zwei Höchstwerte liegen.

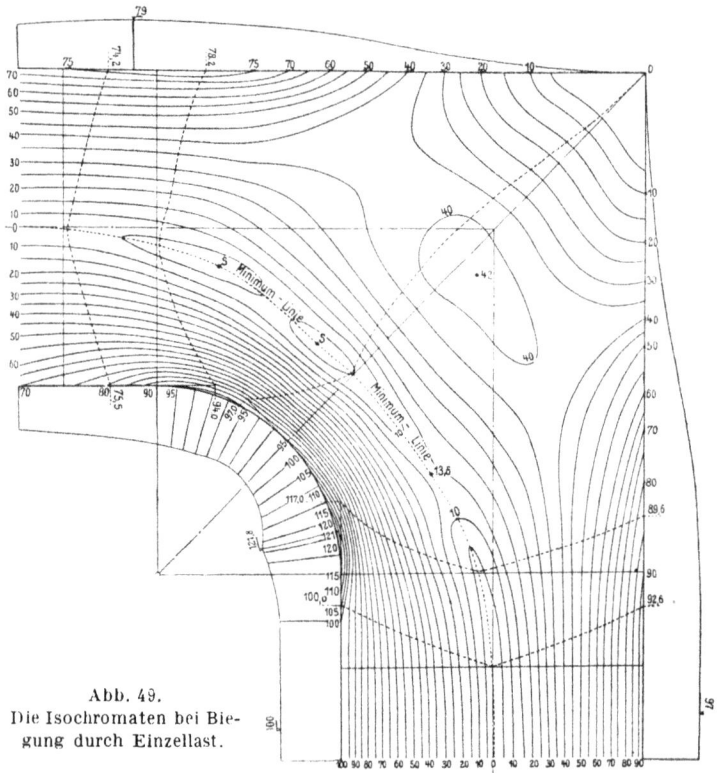

Abb. 49.
Die Isochromaten bei Biegung durch Einzellast.

H. Kurzhals untersuchte ebenfalls symmetrische Stabecke, jedoch bei allgemeiner Biegungsbeanspruchung. Der auf der Einspannseite gelegene Spannungshöchstwert übertrifft mit zunehmendem r/h mehr und mehr den gegen den freien Schenkel zu liegenden Höchstwert. In Abb. 46 ist der Spannungsverlauf am Innenrand für $r/h = 1,0$ und 0,4 strichpunktiert eingezeichnet.

Abb. 47, 48 und 49 zeigen Isoklinen, Isochromaten und Hauptspannungslinien für $r/h = 0{,}6$. Das zugehörige p-K-Netz zeigen Abb. 28 und 29 in II, 9.

Durch L. Kettenacker wurden die Versuche auch auf unsymmetrische Stabecke ausgedehnt. Dabei zeigte sich,

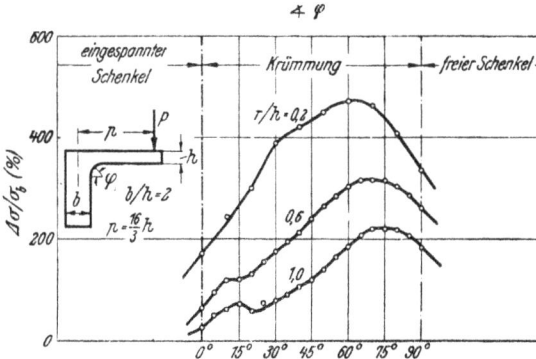

Abb. 50. Der Spannungsverlauf am Innenrande unsymmetrischer Stabecke bei Biegung durch Einzellast. Wie in Abb. 46 ist die Spannungserhöhung über dem abgewickelten Rand aufgetragen.

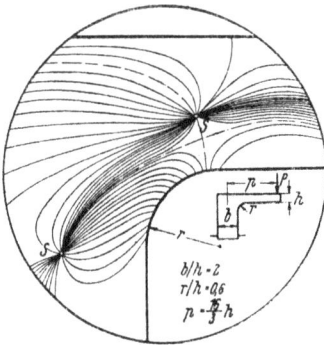

Abb. 51. Isoklinen für ein unsymmetrisches Stabeck bei Biegung durch Einzellast.

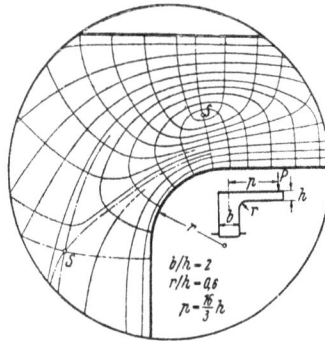

Abb. 52. Die Hauptspannungslinien.

daß mit zunehmender Verbreiterung des eingespannten Schenkels der auf der Einspannseite liegende Höchstwert mehr und mehr unterdrückt wird. Abb. 50 gibt den Verlauf der Randspannung für $b/h = 2$, $p/h = 16/3$ wieder. Abb. 51 und 52 zeigen Isoklinen und

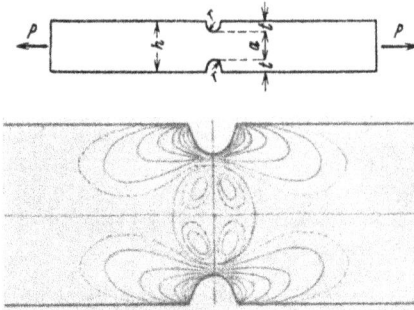

Abb. 53.
Der Verlauf der Isoklinen
bei einem beiderseits ge-
kerbten Zugstab.

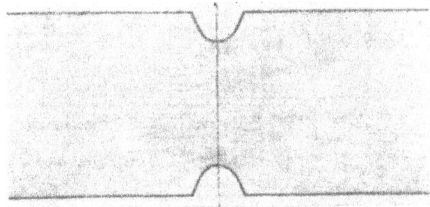

Abb. 54.
Der Verlauf der Haupt-
spannungslinien.

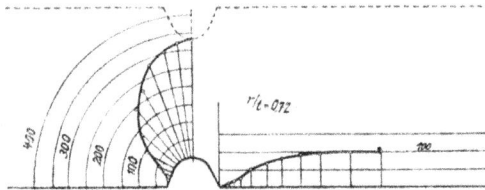

Abb. 55.
Der Verlauf der
Randspannung.

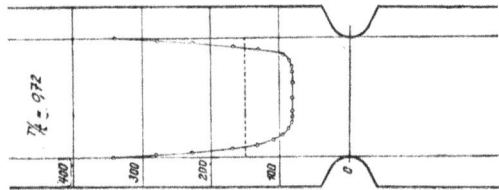

Abb. 56.
Die Spannungs-
verteilung im eng-
sten Querschnitt.

Hauptspannungslinien für denselben Fall. Es treten dabei
zwei singuläre Punkte 1. Ordnung auf, die in den Abb. 51 und
52 mit S bezeichnet sind [1]).

[1]) Die Ergebnisse dieser Messungen sind auch ausführlich erläutert bei E. Lehr, Spannungsverteilung in Konstruktionselementen,
VDI-Verlag 1934.

E. Armbruster[1]) stellte ausgedehnte Versuche über den Spannungsverlauf in gekerbten Zug- und Biegestäben an. Sowohl für den beiderseits gekerbten Zugstab (Abb. 53 bis 56)

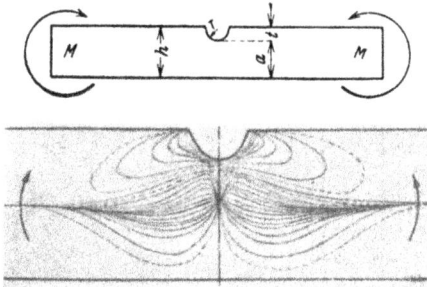

Abb. 57.
Die Isoklinen eines einseitig gekerbten Biegestabes.

Abb. 58.
Die Hauptspannungslinien.

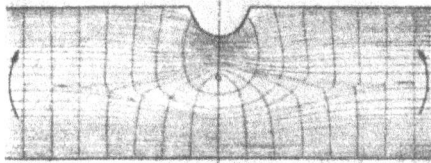

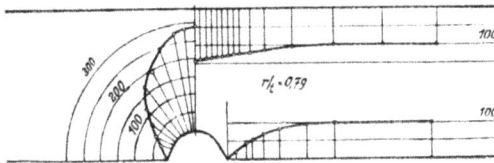

Abb. 39.
Der Verlauf der Randspannung.

Abb. 60.
Die Spannungsverteilung im engsten Querschnitt.

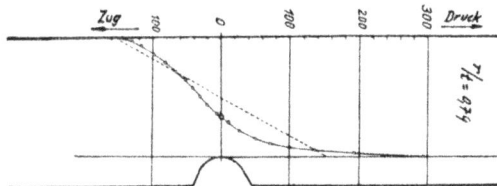

wie auch für den einseitig gekerbten Biegestab (Abb. 57 bis 60) bestimmte er an einer Reihe von Kerbformen mit zahlreichen Verhältnissen r/t und a/h den Verlauf der Isoklinen

---

[1]) E. Armbruster, Der Einfluß der Oberflächenbeschaffenheit auf den Spannungsverlauf und die Schwingungsfestigkeit, Berlin 1930. — Diss. München.

und der Hauptspannungslinien, sowie die Spannungsverteilung am Rand und im engsten Querschnitt. Für die Spannungserhöhung ergaben sich die Verhältnisse r/t und

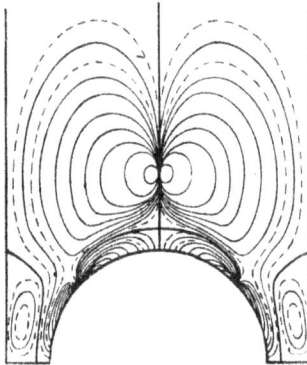

Abb. 61. Die Isoklinen in einem gelochten Zugstab.

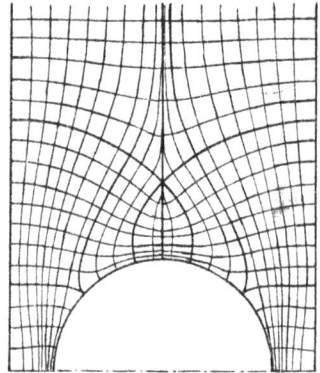

Abb. 62. Die Hauptspannungslinien.

h/a als maßgebend. Die Kerbbreite dagegen ist so gut wie unwesentlich. Die im Kerbgrund auftretende Höchstspannung kann ein Vielfaches der im ungekerbten Stab herrschenden Spannung sein, z. B. das 3,3fache bei $r/t = 0,72$ und $a/h = 0,8$. Selbst Kerben sehr geringer Tiefe führen bei großer Schärfe zu beträchtlichen Spannungssteigerungen.

Die Untersuchungen von A. Hennig[1]) erstreckten sich auf die Spannungsverteilung im gelochten Zugstab und am Nietloch. Für zahlreiche Verhältnisse a/b (a = Lochradius, b = halbe Stabbreite) bestimmte er die genaue Lage der Isoklinen und der Hauptspannungslinien, sowie der Isochromaten (vgl. Abb. 61 bis 63). Abb. 64 erläutert das Hauptergebnis dieser Ar-

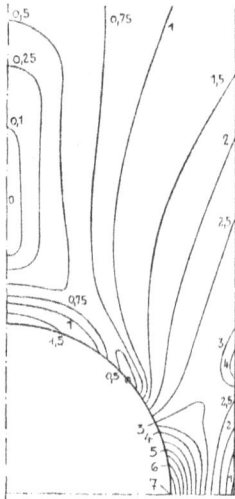

Abb. 63. Die Isochromaten.

[1]) A. Hennig, Forsch. a. d. Geb. d. Ing.-Wes. 1933, S. 53. Diss. München.

beit: Der Spannungsverlauf im engsten Querschnitt für verschiedene Werte a/b, bezogen auf die mittlere Spannung des engsten Querschnittes. **D a s   V e r h ä l t n i s   d e r   H ö c h s t - spannung   zur   mittleren   Spannung   des   engsten Querschnittes   nimmt   vom   Wert 3   für   den   unendlich breiten   Stab   allmählich   ab   bis   auf   den   Wert 1   für** $a = b.$

H. Jehle[1]) untersuchte den Kraftfluß im ebenen Abbild einer **Schraubenverbindung** (Abb. 65 bis 73) und den Spannungsverlauf in einer **tordierten Scheibe mit Keil-**

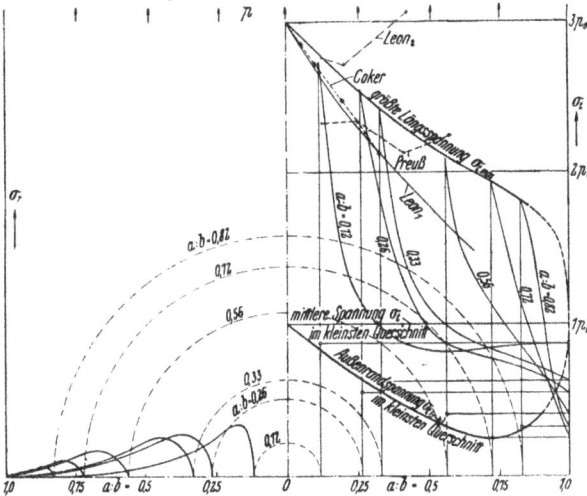

Abb. 64. Der Spanungsverlauf im engsten Querschnitt des gelochten Zugstabes für verschiedene Verhältnisse $a\,b$.

nut (Abb. 74 bis 76). In beiden Fällen handelt es sich um äußerlich statisch unbestimmte Aufgaben. Da die wirklich eintretende Spannungsverteilung von scheinbar unwesentlichen Eigenschaften der Oberfläche stark abhängt, kommt es nur auf kennzeichnende Eigenschaften des gesamten Spannungsverlaufes an. Bei der Schraubenverbindung konnte die Verteilung des Kraftflusses auf die einzelnen Gewindegänge weit-

---

[1]) H. Jehle, Diss. München 1935.

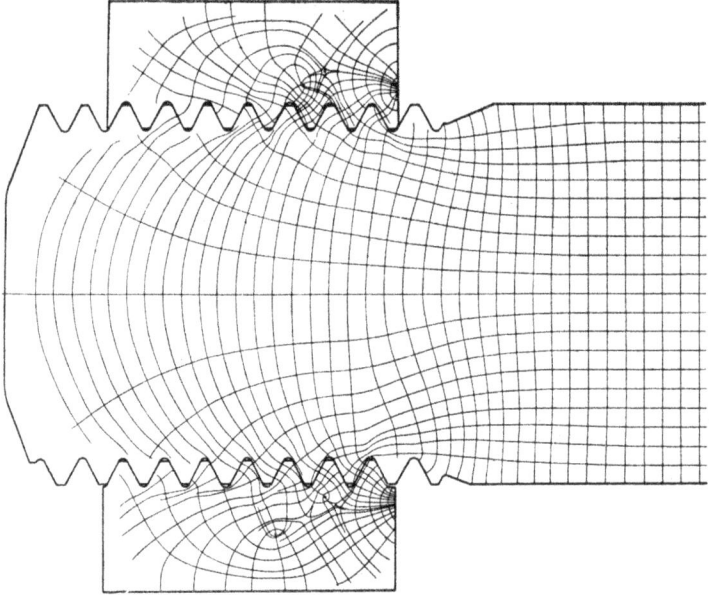

Abb. 66. Die Hauptspannungslinien.

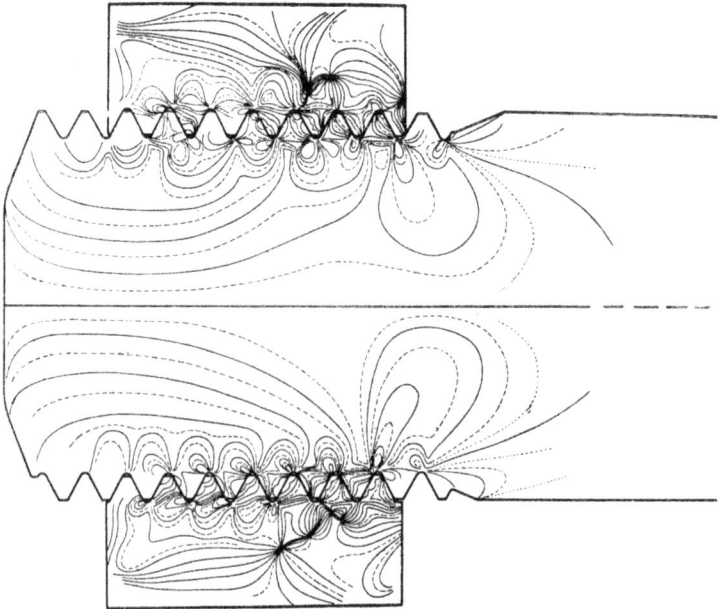

Abb. 65. Isoklinen im ebenen Abbild einer Schraubenverbindung.

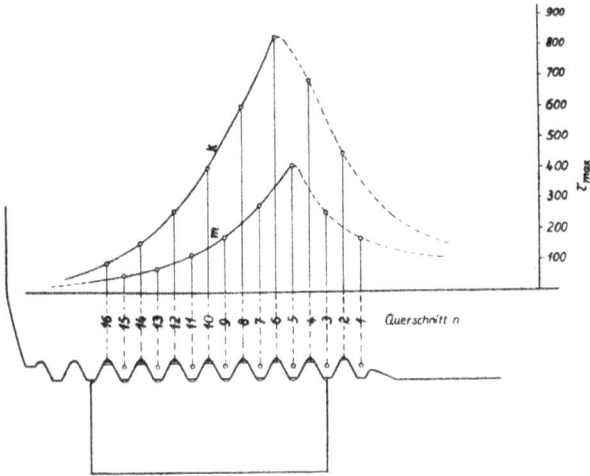

Abb. 68. Die Hauptschubspannung in Zahnmitte (m) und im Kerbgrund (k) als Kennzeichen für die Beanspruchung der einzelnen Gewindegänge.

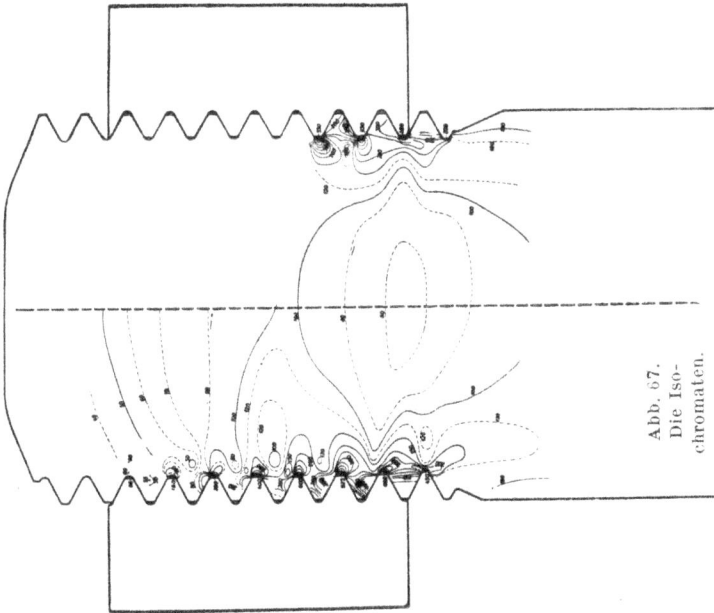

Abb. 67. Die Isochromaten.

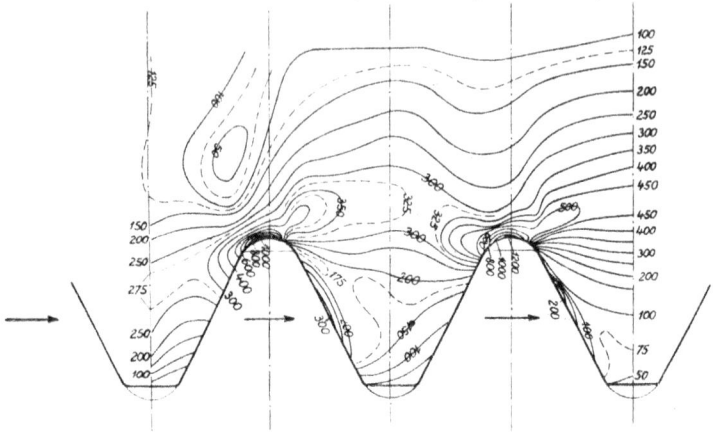

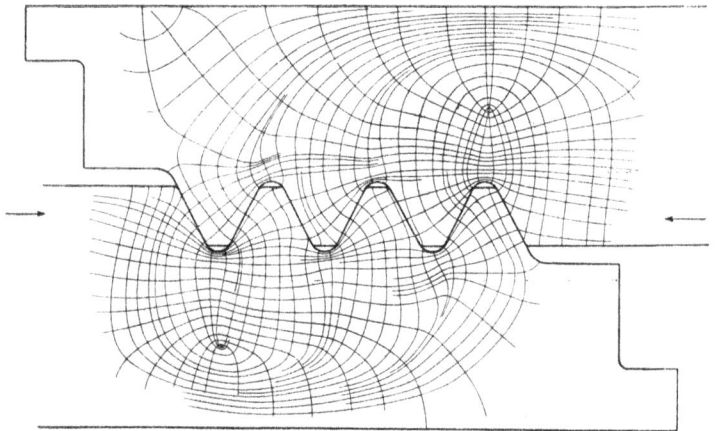

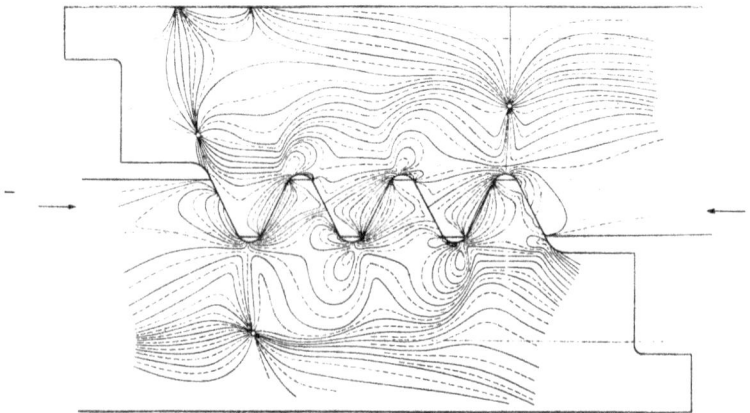

gehend geklärt werden. Dabei ergab sich, daß die
Kraftübertragung vor-
wiegend in den unteren
Gewindegängen stattfin-
det, welche infolgedessen
auch einer wesentlich hö-
heren Beanspruchung
ausgesetzt sind.

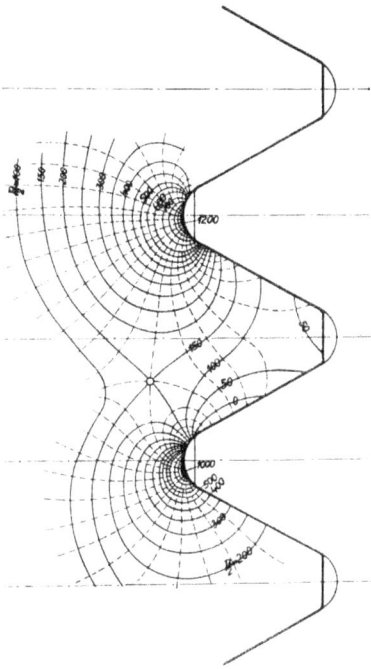

Abb. 72. Das p-K-Netz (etwas unterhalb der Zahnmitte tritt ein singulärer Punkt erster Ordnung auf).

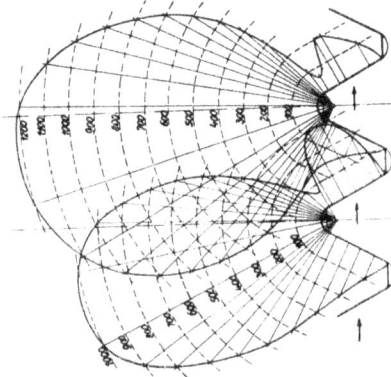

Abb. 73. Der Verlauf der Hauptschubspannung an der Gewinde-
oberfläche.

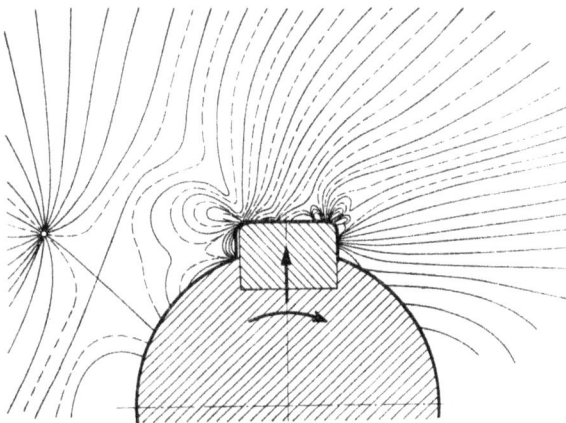

Abb. 74. Isoklinen in der tordierten Scheibe mit Keilnut.

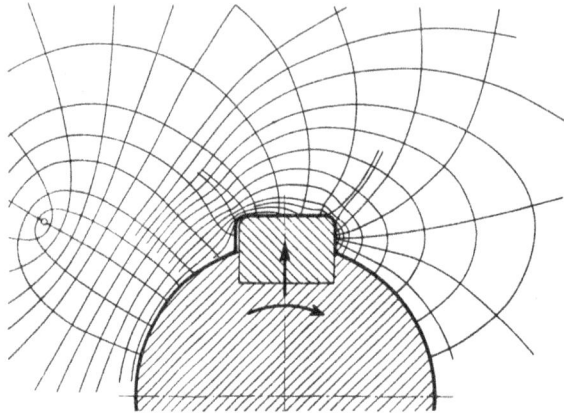

Abb. 75. Die Hauptspannungslinien.

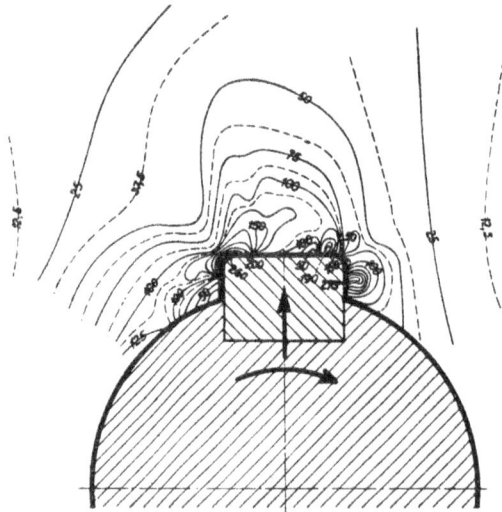

Abb. 76. Die Isochromaten.

Da es nicht der Zweck des vorliegenden Buches sein kann, alle Arbeiten auf dem Gebiete der Spannungsoptik wiederzugeben, so sei bezüglich der übrigen Arbeiten, insbesondere des Auslandes auf die Literatur verwiesen [1]).

---

[1]) Siehe das oben zitierte Buch von E. Lehr, ferner das bereits im Vorwort erwähnte Buch von E. G. Coker und L. N. G. Filon.

15. Versuche bei Verwendung optisch sehr aktiver Modellwerkstoffe.

Zahlreiche Versuche wurden seit Jahren im In- und Ausland mit den verschiedensten Werkstoffen angestellt, um den für die Spannungsoptik günstigsten Modellwerkstoff herauszufinden. Insbesondere galten diese Versuche der Nutzbarmachung der optisch hochempfindlichen Stoffe, welche die Isochromaten und damit unmittelbar die Hauptschubspannung an jeder Stelle liefern, wodurch dem Forscher die punktweise Kompensation erspart wird. In der Regel zeigte sich bei Verwendung dieser Stoffe, daß man den Vorteil hoher optischer Aktivität nur mit

Abb. 77. Belastungsschema für den in Abb. 78—80 untersuchten Biegestab.

dem sehr nachteiligen Auftreten von Eigenspannungen erkaufen konnte. Auch zeigten sich Kriecherscheinungen und bleibende Formänderungen. Es kam also darauf an, einen Werkstoff zu finden, bei dem diese Erscheinungen wenigstens bei bestimmter Vorbehandlung nur in sehr geringem Maße auftreten. Die Ergebnisse dieser Versuche waren jedoch nicht befriedigend, so daß man für genaue Untersuchungen immer wieder zu Glas zurückkehrte.

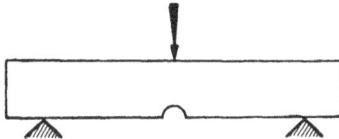

Zur Klärung dieser Frage wurde neuerdings im Münchener Mech.-Techn. Laboratorium eine umfangreiche Versuchsreihe begonnen. Das bis jetzt vorliegende Ergebnis dieser Arbeit, die von Herrn Dr. Deutler durchgeführt wird, läßt erkennen, daß ein zum großen Teil aus Kunstharz bestehender Stoff, »Trolon« genannt[1]), sehr günstige Eigenschaften zeigt. Trolon ist durchsichtig wie Glas. Nachstehend geben wir die elastischen Kennziffern von Trolon:

$$\text{Elastizitätsmodul} \approx 20\,000 \text{ kg/cm}^2,$$
$$\text{Proportionalitätsgrenze} \approx 110 \text{ kg/cm}^2.$$

Trolon läßt sich ohne weiteres mit Säge und Feile bearbeiten. Nach der Bearbeitung entfernt man die Eigenspannungen durch mehrmaliges Erhitzen in Paraffinöl bis zu 75⁰ C, und

---

[1]) Trolon wird von der Firma Venditor-Verkaufsgesellschaft A.G., Troisdorf bei Köln geliefert.

zwar bei langsamer und stetiger Temperatursteigerung und Abkühlung. Am wichtigsten ist die sehr langsame Abkühlung. Der Modellkörper bleibt dann am besten noch bis zu

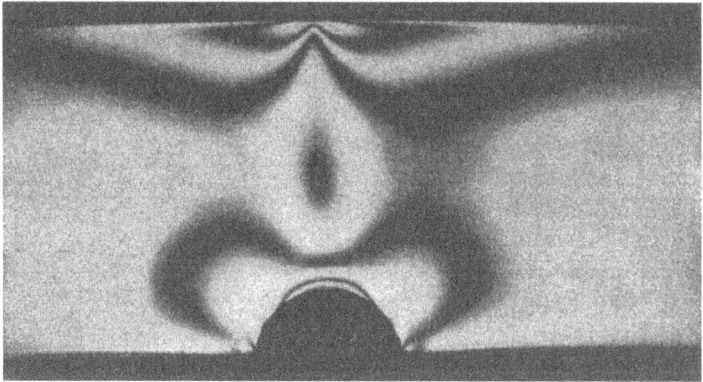

Abb. 78. Die Isochromaten im einseitig gekerbten Biegestab bei Biegung durch Einzellast (Trolon als Modellwerkstoff).

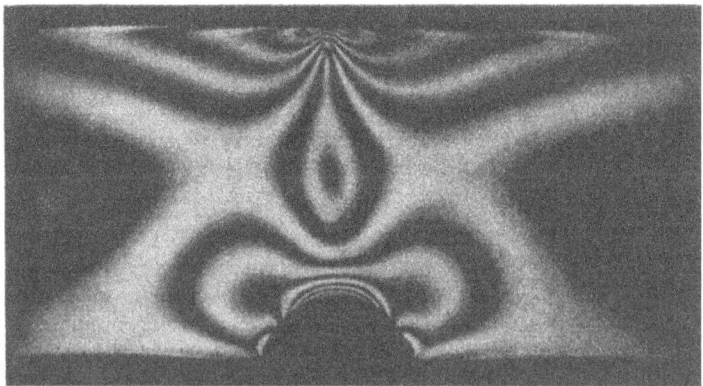

Abb. 79. Die Isochromaten bei Verdopplung der Last.

Beginn des Versuches im Paraffinöl liegen und muß vor allem vor trockener Luft geschützt sein.

Für die vorzüglichen Isochromaten, die man mit Trolon erhält, sind die Abb. 78—80 ein Beispiel. Es handelt sich um

den einseitig gekerbten Biegestab (Belastungsschema in Abb. 77).
In Abb. 79 ist die Last gegenüber Abb. 78 verdoppelt. Die dadurch bewirkte Verdopplung der Isochromaten ist deutlich

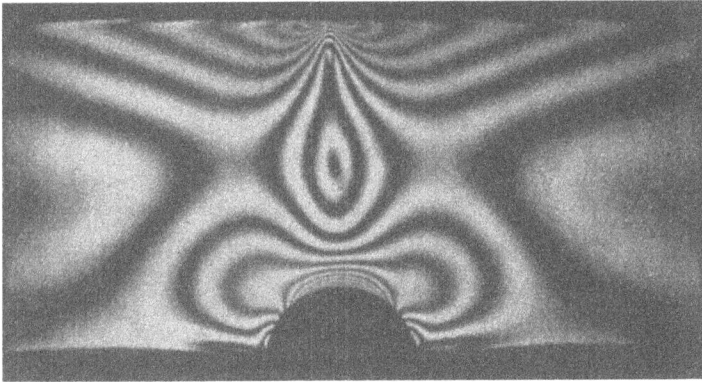

Abb. 80. Die Isochromaten bei einer, gegenüber Abb. 78 auf das Dreifache
gesteigerten Belastung.

erkennbar. Abb. 80 zeigt die der dreifachen Last entsprechende
dreifache Zahl der Isochromaten.

Trolon bietet infolge seiner günstigen Eigenschaften und
seines niedrigen Preises vor allem die Möglichkeit, umfangreiche Problemgruppen, die sehr zahlreiche Versuche mit verschieden geformten Modellen notwendig machen, schnell und
verhältnismäßig genau durchzuführen und ist so für die
weitere Anwendung der Spannungsoptik eine große Erleich-
terung.

Drang und Zwang

Eine höhere Festigkeitslehre für Ingenieure

Von Prof. Dr. Dr.-Ing. A u g u s t F ö p p l und Prof. Dr.
L u d w i g F ö p p l

Band I 2. Auflage. 371 Seiten, 70 Abbildungen. Gr.-8⁰. 1924.
Broschiert M. 14.40, gebunden M. 15.70

Die allgemeinen Grundlagen — Die Sätze über die
Formänderungsarbeit — Die Biegungsfestigkeit der
Platten — Die Scheiben

Band II 2. neubearbeitete Auflage. 390 Seiten, 79 Abbildungen.
Gr.-8⁰. 1928. Broschiert M. 14.40, gebunden M. 15.70

Die Schalen — Die Drehfestigkeit der Stäbe — Die
Umdrehungskörper — Die Härte — Die Eigenspannungen — Die Knick- und Ausweichgefahr

---

Aufgaben aus technischer Mechanik

Von Prof. Dr. L u d w i g F ö p p l

Unterstufe: Statik, Festigkeitslehre, Dynamik
196 Seiten, 315 Abbildungen. Gr.-8⁰. 1930. Kar-
toniert M. 13.50

Oberstufe: Höhere Festigkeitslehre, Flugmechanik, Ähnlich-
keitsmechanik, Dynamik der Wellen
112 Seiten. 74 Abbildungen. Gr.-8⁰. 1932. Kar-
toniert M. 7.—

R. OLDENBOURG · MÜNCHEN 1 UND BERLIN

www.ingramcontent.com/pod-product-compliance
Lightning Source LLC
Chambersburg PA
CBHW031448180326
41458CB00002B/692